JN067975

知っておくべき地球史とヒトの大転換点

今さらだけど「人新世」って?

古沢広祐

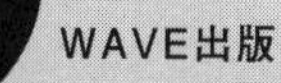

WAVE出版

はじめに

地球史に残る大きな変化が人類によって引き起こされている時代、これを「人新世」（じんしんせい、ひとしんせい）と呼び始めています。私たちは、この時代をどのように受けとめて、どう生きていけばよいのでしょうか。めまぐるしく推移する日常を離れて、地球史というスケールで社会や世界を眺めれば、日々の狭い視野から解放されて、新しく何かが見えてくるかもしれません。

「人新世」という時代は、地球環境の破壊といった外側からの異変とともに、もっと奥深い人間世界の変貌、一種の進化史的な変化としても進行しています。人間が引き起こすインパクトは、地球環境の異変に留まらない大きな複合的変化をもたらしているのです。驚異的なスピードで発展してきた人間の科学・技術・文化、そしてグローバルな経済活動が、世界を一変させようとしています。

近年の社会変化のスピードは目覚ましく、私たちは世界中から産品を簡単に入手することができ、海外旅行にも手軽に行ける時代になりました。いや、海外旅行ばかりか宇宙旅行さえも夢ではない近未来が訪れようとしています。都会の生活はたいへん快適で、スマートフォンのような便利な道具もあり、インターネットで常に世界中とつながっています。

他方、ＡＩ（人工知能）を筆頭とした科学技術は私たちの日常生活や仕事に影響を与え、人間自身をも改変してしまうというようなことが起きつつあります。

たとえば、ＡＩの発展によって、人間の能力自体が凌駕されてしまうような時代（シンギュラリティ）が来るといわれています。教師顔負けの文章がチャットGPT（大規模言語モデルによる生成ＡＩ）で簡単にできてしまって現場の教師が困惑したり、ＡＩが作成した絵画がコンテストで優勝したりするなど、話題に事欠きません。

さらに、生命科学の革命的進歩によって、ＤＮＡを改変するゲノム編集技術や、人工生命を創り出すことができる合成生物学が登場しています。それらは相互に複合し、将来的にはＡＩやロボット技術と組み合わさったサイボーグやアンドロイドが登場する勢いです。人新世の時代は、人間自身をも改変してしまうポストヒューマン――新人類の誕生を導くかもしれません。

　そんな大変化の一方で、人間社会にはびこる内側の矛盾が深刻です。格差、貧困、孤独、孤立、差別、排除などの社会的分断、さらには平和を揺るがす戦争や内戦のような不穏な出来事が繰り返されています。地球の大気圏を脱し、人間を月にまで到達させるような大飛躍をとげる一方で、貧困、内戦、国をまたぐ戦争まで引き起こしてしまう私たちとは、いったいどういう存在なのでしょうか。

　そんな中で、平和と持続可能な世界を実現するために、国連で合意されたＳＤＧｓ（持続可能な開発目標）が共有され始めています。しかし、果たしてＳＤＧｓで世界中の人々の幸せや平和を、この地球において実現できるのでしょうか。

　宇宙にまで進出し始めた私たち現生人類（ホモ・サピエンス）は、明暗あわせ持つ矛盾を抱えた存在です。そんな私たちとは、いったい何者なのかと改めて問いかけられています。「我々はどこから来たのか、我々は何者か、我々はどこへ行くのか」というフランスの画家、Ｐ・ゴーギャンの有名な言葉があります。古くて新しいこの問いを、これまで古今東西の多くの哲学者や思想家が投げかけてきました。

「人新世」と名づけられた時代を生きる私たち（ヒト）とは、いったい何者か？

　この難問に、地球的な視野から、明暗混ざり合うさまざまな論点に向き合って、チャレンジしてみましょう。

本書は、さまざまな角度から多面的に世界をとらえる見方を重視しています。それは白黒をはっきりさせる単眼的思考ではない、複眼的思考です。通常の思考の枠組みを超え出て、時間や空間の尺度を大きく広げる未来思考といってもよいでしょう。「ヒト」をめぐって何度も繰り返し出てくる言葉や事象があり、わかりにくく感じるところもあるかもしれません。それについては、遠近感をもって世界や歴史を多様な角度から立体的にとらえる「複眼知」、物事の関係性や矛盾（問題の所在）を見極める「洞察（批判）知」、そして世界や他者と自分との関係性（つながり）に心を寄せる「共感（包摂）知」を踏まえてのアプローチであるという本書の視点をご理解のうえ、読み進めていただければ幸いです。

今さらだけど「人新世」って？　目次

第2章 地球史スケールの気候変動を乗り越えた人類 033

第3章 多くの人類が消えてヒトだけが繁栄した理由 057

第Ⅱ部 展開編——人間拡張のゆくえ

第4章 文明・文化によってヒトから人間へ

第5章 ヒトからポストヒューマンへ 099

第6章　「人新世」の落とし穴？　131

第III部 エピローグ

第Ⅰ部

プロローグ

地球史とヒトの出現をたどる

第1章

「人新世」は環境危機の時代？

1　人々が「人新世」に魅了されるのはなぜか

人類の活動が、地球に深刻な影響をもたらしているのが今の時代です。この状況を新たな時代区分「人新世」（Anthropocene（アントロポセン））として設定しようという主張が、２０００年代初頭に提案されました。その後、世界中に共感の輪が広がって、この言葉が急速に普及することになります。従来の地質年代の名称「新生代」（第四紀・完新世）という時代の中で、あまりにも人間が圧倒的影響力を及ぼしている近年、それを象徴する言葉として「人新世」が提唱されたのです（図1）。

現在、地質学関連の学会でこの用語の採用について議論しており、明確な区分や指標などをめぐって詳細な検討を継続しています（２０２３年時点）。

この言葉が提唱された背景には、近年の研究で、地球環境に大異変を引き起こしている人間活動の脅威が問題視されてきたことがあります。その流れから、人間という存在の、ホモ・サピエンスという源流やこれから歩みゆく未来について、関心が大きく膨れ上がる状況が起きています。

私たちは、火の利用から化石資源、そして原子力エネルギーの利用に至る過程で、絶

［図1］地質年代表

<table>
<tr><th colspan="4">地質年代（相対年代）</th><th>数値年代</th><th>動物界の特徴</th></tr>
<tr><td rowspan="7">新生代</td><td colspan="2" rowspan="2">第四紀</td><td>完新世</td><td rowspan="3">1万年
258万年</td><td rowspan="2">人類の時代</td></tr>
<tr><td>更新世</td></tr>
<tr><td rowspan="5">第三紀</td><td rowspan="2">新第三紀</td><td>鮮新世</td><td rowspan="5">哺乳類の時代</td></tr>
<tr><td>中新世</td><td></td></tr>
<tr><td rowspan="3">古第三紀</td><td>漸新世</td><td></td></tr>
<tr><td>始新世</td><td></td></tr>
<tr><td>暁新世</td><td rowspan="2">6600万年</td></tr>
<tr><td rowspan="3">中生代</td><td colspan="3">白亜紀</td><td rowspan="3">恐竜と爬虫類の時代</td></tr>
<tr><td colspan="3">ジュラ紀</td><td></td></tr>
<tr><td colspan="3">三畳紀</td><td rowspan="2">2億4500万年</td></tr>
<tr><td rowspan="6">古生代</td><td colspan="3">ベルム紀</td><td rowspan="2">両生類の時代</td></tr>
<tr><td colspan="3">石炭紀</td><td></td></tr>
<tr><td colspan="3">デボン紀</td><td></td><td rowspan="2">魚類の時代</td></tr>
<tr><td colspan="3">シルル紀</td><td></td></tr>
<tr><td colspan="3">オルドビス紀</td><td></td><td rowspan="2">三葉虫の時代</td></tr>
<tr><td colspan="3">カンブリア紀</td><td rowspan="2">5億4000万年</td></tr>
<tr><td colspan="4">原生代</td><td rowspan="3"></td></tr>
<tr><td colspan="4">始生代</td><td></td></tr>
<tr><td colspan="4">先始生代</td><td></td></tr>
</table>

大なる力を獲得しました。20世紀後半には地球圏の外に出ることに成功し、21世紀にはその活動域を月や火星など宇宙空間にまで広げていくことが現実味を帯びています。地球生物の進化史上で、海水域から陸上へと進出を果たした画期に匹敵するような出来事といってよいでしょう。地上を覆い尽くしてあふれ出るような繁栄ぶりを謳歌している人類ですが、まさしく「人新世」と表現すべき時代が、始まっているのです。

一方で、その絶大な影響力の反動ともいうべき事態が、外なる環境問題としても、また内なる人間存在の揺らぎとしても起こっています。近年の深刻な異常気象、自然災害の多発、新型コロナウイルス感染症のパンデミック（世界的感染爆発）、プラスチックなどの廃棄物による海洋汚染、生物多様性の危機（生物種の大量絶滅）などは、人類による自然への多大な影響力が引き起こしている事態です。

また、遺伝子操作（ゲノム編集、合成生物学）のみならず医療技術の躍進によって、寿命が大幅に延びる人生１００年時代、超高齢社会が到来しつつあります。そこでは、どんな暮らしが待っているでしょうか。快適で夢あふれる、心躍る世界となるか、それとも退屈と生きがいを喪失してしまうような世界となるか、さまざまな期待と先行きへの不安も広がっています。

ＡＩやロボットの普及による雇用の喪失も心配されています。もしかすると「無用人間」と「有用人間」とに区別される、新たな階級社会が来るかもしれません。

他方、世界金融危機、テロと内戦、ロシアによるウクライナ侵攻やパレスチナ人道危機という不穏な世界情勢も生じています。デジタル経済化やビッグデータなどの利用が進み、便利さの一方でプライバシーや倫理問題、管理社会化なども懸念されています。

今日のこうした事態について、人新世というキーワードを手がかりに、地球史や人類史の視点（地質学的スケール）から私たちの過去・現在・未来の姿に光を当てて、世界を見直してみましょう。

まずは、近年の環境異変についてざっとふり返ります。それから少しずつ、長い歴史をさかのぼって人類史をたどりつつ、未来世界についてまで、思考をめぐらせていくことにしましょう。

2　「人新世」は文化や芸術の世界をも魅了

当初は地質学者の間に限った話題として議論されていた「人新世」でしたが、人間という存在を根源的に見直すという点において、自然科学の分野を超えて哲学や思想など人文・社会科学の領域へも波及していきました。

さらに身近では、文化や芸術の分野でも「人新世」をモチーフにした作品が次々と登場しており、今やポップカルチャーにまで影響が広がっています。

アーティストの多くは、時代への予感というか、変化を敏感に受けとめて、作品で表現します。これまでにも、たとえば公害や環境破壊などをテーマにした作品が多く生み出されてきましたが、より大きなスケールで人間の存在を問う動きが活発化しています。「人新世」をテーマに組み入れた芸術祭や展覧会も開催されています（台北ビエンナーレ2014、WDO世界デザイン会議東京2023関連イベント［人新世のデザイン Exhibition & Talk］など）。それは、人間中心主義からの脱却を目指す環境アートやエコロジカルアートの流れに重なり合う動きを見せています。

また、ドキュメンタリー映像作品も次々と作られています。複数の賞を受賞した作品（IMDbPro『Anthropocene: The Human Epoch』IMDb、2018年）もあり、日本科学未来館（東京都江東区青梅）では2019年に、地質研究者や進化論研究者とアーティストによる共同制作で、ラップミュージックにのせた映像作品「未来の地層 Digging the Future」が公開されました。

最近の話題では、神戸市のパブリックアートによる観光誘客事業（KOBE Re:Public Art Project　2023年2～3月）において、テーマに「人新世に吹く風」が掲げられました。メインキュレーターに就任した日本の俳優、森山未來さんは、「人新世というものを土壌の中だけの話じゃなくて、地表にある廃虚や空き家、産業遺産に当てはめてみると、（中略）世界の見え方や人との関わり方が変わるきっかけを提示できる」と語っていました（「朝日新聞」2023年1月2日付）。

アニメ映画でも、近未来の東京が海に沈むシーンなどが話題となった『天気の子』の中で、登場人物が「アントロポセン（人新世）」をテーマにした雑誌の記事を読むシーンがありました。人類が直面する最大の脅威として、気候危機は待ったなしの大問題であることが、人新世を象徴する出来事として想定されていたからでしょう。

その他、人新世という時代を彷彿させるものとして、古くは手塚治虫さんの漫画に「人間文明と機械文明」をテーマに織り込んだ作品群があります。比較的最近では、宮崎駿さんのアニメーション作品『風の谷のナウシカ』に科学文明崩壊後の世界が描かれ、「自然と人間」の共生的世界について問いかけています。

芸術や文化、あるいは文芸作品においては、人新世という時代のイメージが、さまざまなかたちでいち早く先取りされているといってよいでしょう。

3　環境の危機が深刻化する「人新世」

特に最近の異常気象は、普通ではありません。世界各地で深刻な熱波や干ばつ・乾燥化が起こる一方で、大雨による土砂災害や洪水被害などもあり、近年は自然災害の多発が顕著です。

２０２２年夏、南欧とフランスを皮切りにイギリスまでを包み込んだ記録的熱波は、多くの熱中症による死者を出し、山火事が相次ぐなど、予想を超える甚大な被害をもたらしました。続く２０２３年の夏は、ＷＭＯ（世界気象機関）から、世界の平均気温が観測史上最高であることが発表されました。

こうした事態はまだ序の口にすぎず、その頻度と激しさは今後も一層増大していくであろうと予測されています。すでに産業革命期以降、地球の平均気温は1度Ｃ（Ｃはセルシウス度の単位名称）を越えて上昇してきており、今世紀中には最小でも1・5～2度上昇、対策が遅れると3～5度の上昇が見込まれるような状況です（図2）。

今でさえ甚大な被害に見舞われてたいへんなのにもかかわらず、気候危機がもたらす

［図3］世界平均気温の変化予測

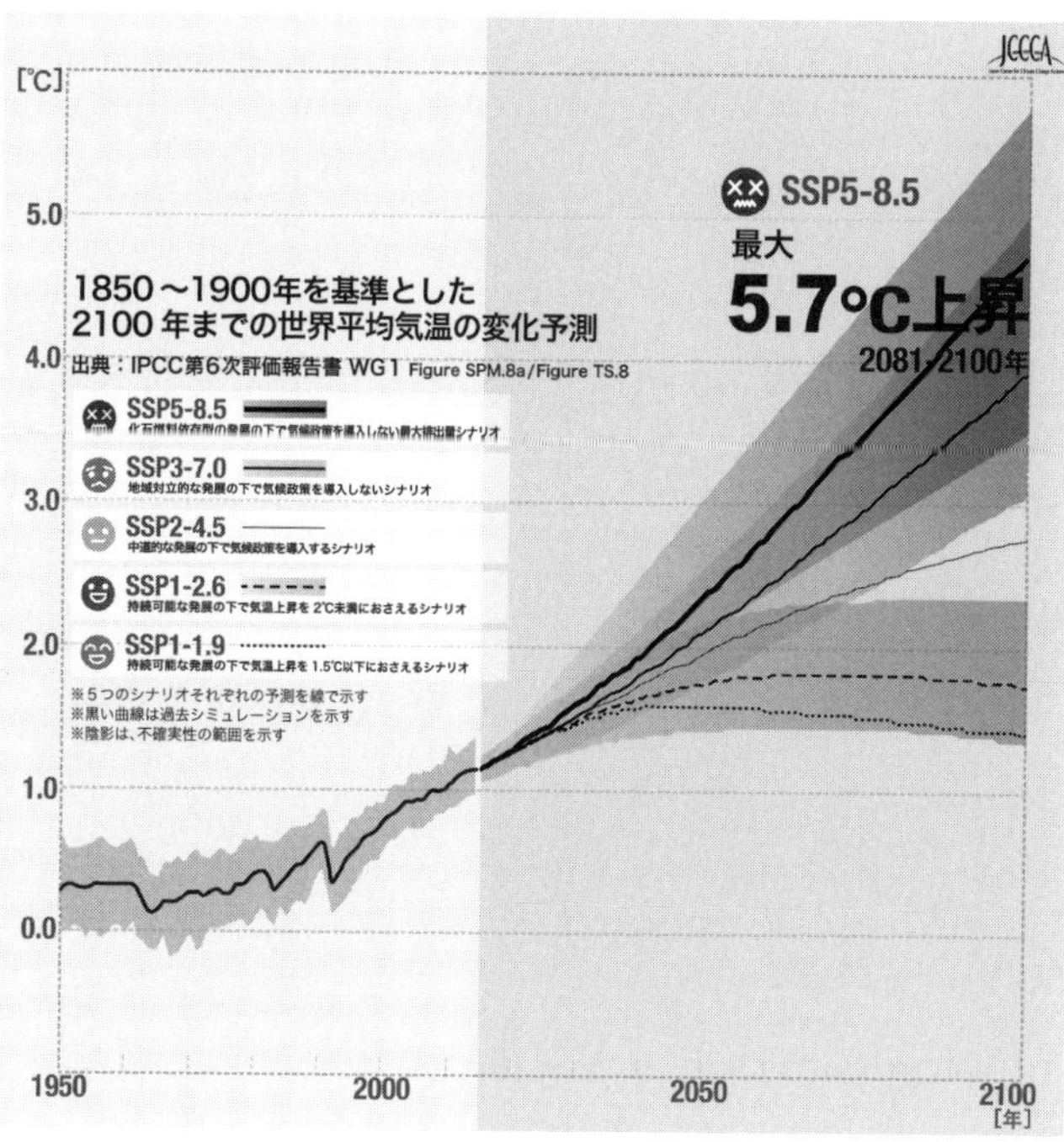

出典：全国地球温暖化防止活動推進センターHP（https://www.jccca.org/）にある「使える素材集」の「すぐ使える図表集」内の図表を加工して作成

近未来の世界は、私たちの想像を絶するものかもしれません。地球上の生物種の大量絶滅はもっと深刻です。森林破壊や過剰開発、さらにこの気候危機も加わって、生態系の異変が進行しています。近年多発している新型コロナウイルスのような新興感染症も、その影響で起きている事態なのではないかと懸念されています。

それ以外にも、オゾン層の破壊、プラスチックや農薬のような人工合成による化学物質の急増など、人間の活動が地球環境のあらゆる場面で甚大な影響を及ぼしているのが今日の世界です。太陽系の天体で唯一、生命が満ちあふれる地球ですが、その歴史をぬり変えそうな事態が今まさに進行中なのです。

人間がそれを引き起こしていることについて、これを地質学上の新たな年代として「『人新世』と呼ぶべきだ」と大気化学者のパウル・クルッツェンが発言したことから、この言葉が広く世界に知られるようになりました。

クルッツェンは、2000年2月に行われた国際会議において、従来使われていた地質年代の「完新世」に代わる新たな呼び名として、「人新世」を提唱しました。しかし、言葉自体は1980年代に生態学者のユージン・F・ストーマーが使用しており、共著で論文を発表（2000年5月）するとともに、単独の論文も科学誌『Nature（ネイチャー)』に掲載し、用語の普及に貢献しました。

4 「人新世」の始まりはいつか

現代の地質学年代は、約1万1700年前に始まった「新生代・第四紀・完新世」とされていますが、人類の活動が地質や気候などの地球環境に大きな影響を与えている時代として、「新生代・第四紀・人新世」と新たに定義すべきという議論が、先述のように2000年代から盛んになっています。

では、「人新世」の始まりをいつとすべきか、ということになると、地質学の観点では明確な区分(化石や各種物質の痕跡など)が必要です。その時期については、たとえば農業革命期や産業革命期などさまざまな主張がありましたが、検討の末、第二次世界大戦を経た後の技術革新、産業と経済のグローバル化の時代、多大な環境への影響が明確になった20世紀半ばを、その区分とする考え方が優勢となりました。

顕著な変化、加速度的な大変化(大加速化=グレート・アクセラレーション)が引き起こされる時期において時代を区分すべきという考え方が検討されているところです。

加速度的な大変化を示す科学的・統計的な指標には、空気中の二酸化炭素やメタンの

社会経済動向

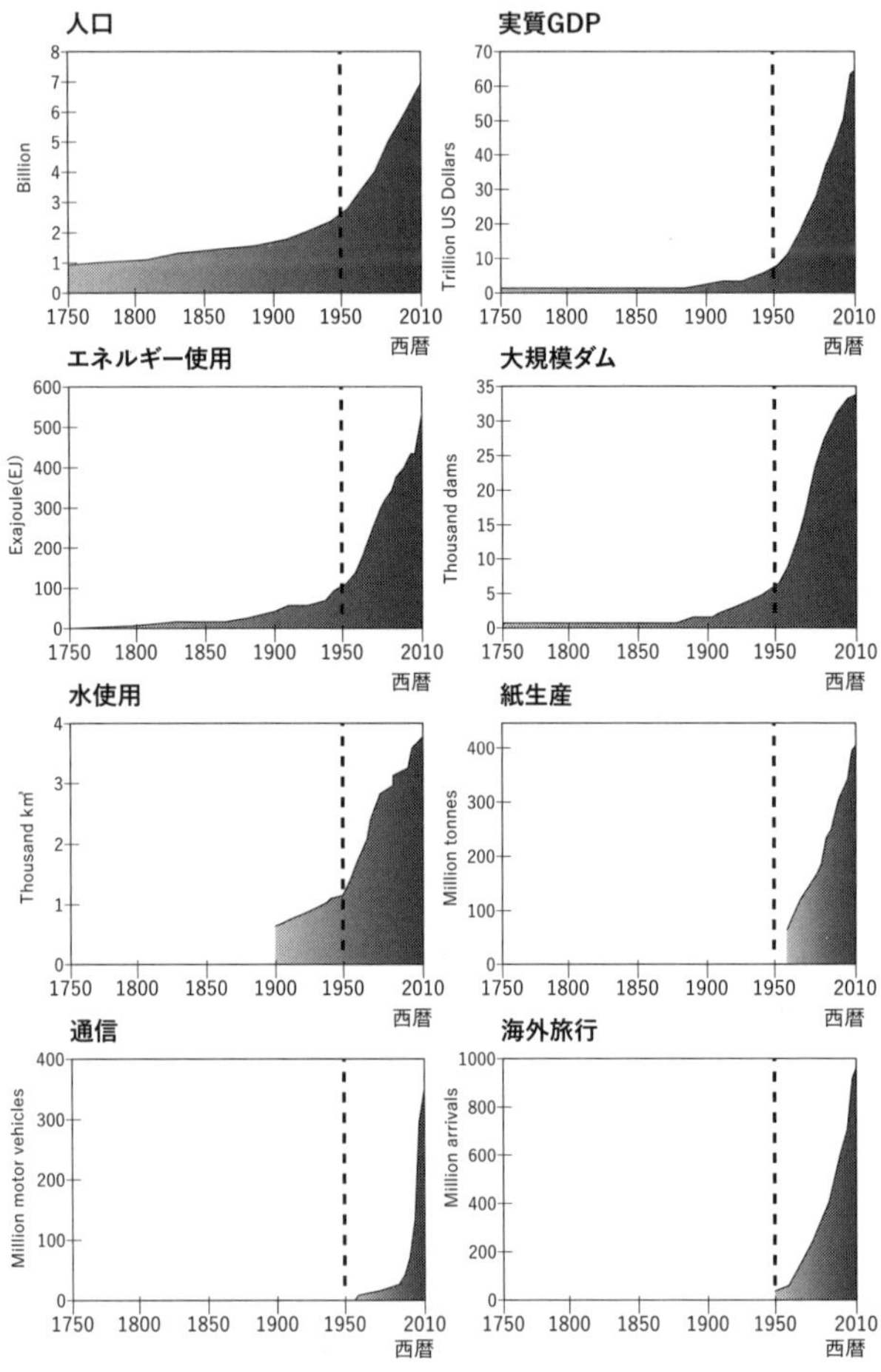
人口
Billion
実質GDP
Trillion US Dollars
エネルギー使用
Exajoule(EJ)
大規模ダム
Thousand dams
水使用
Thousand km³
紙生産
Million tonnes
通信
Million motor vehicles
海外旅行
Million arrivals
西暦

[図3] **グレート・アクセラレーション**
1950年を境に人間活動が加速している様子がわかる

地球システム動向

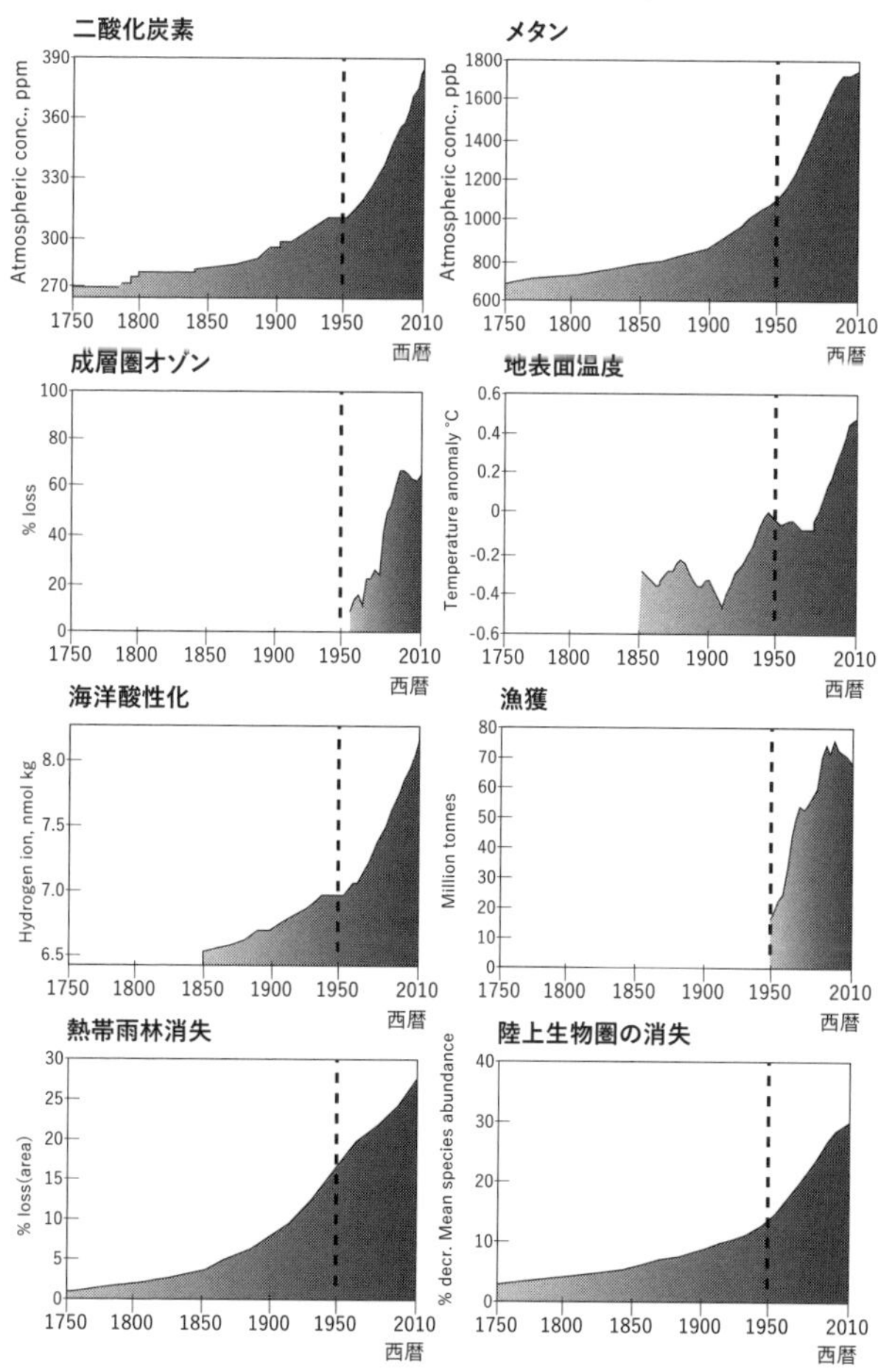

「Steffen, Will; Broadgate, Wendy; Deutsch, Lisa; Gaffney, Owen; Ludwig, Cornelia (April 2015). "The trajectory of the Anthropocene: The Great Acceleration". The Anthropocene Review. 2(1): 81-98.」を翻訳・加工して作成

量、大洪水の頻度、核実験の影響によるプルトニウム239の量、プラスチックやセメントの量の増加などが例示されています。そうした変化の証拠が明確に示される地層が認められることが、学術的には必要です。

地質年代の区分は、国際地質科学連合（ＩＵＧＳ）がその時代における変化の証拠を明確に示す地層を「ＧＳＳＰ（国際境界模式層断面とポイント）」として承認、決定されます。最近有名になった例に、２０２０年の「チバニアン」（地磁気逆転期地層）がありますが、ご存じでしょうか。地球磁場のＮ極とＳ極が逆転していた時期、その始まりである約77万４０００年前の様子をよく示している地層として、千葉県市原市の地層がＧＳＳＰに選ばれたことから、「チバニアン」と名付けられました。

人新世を検討する作業部会は２００９年から活動しており、世界中から11のポイントが提案されました。その中には日本の別府湾海底（の堆積物）も含まれ、チバニアンのような象徴的な地層として別府湾が選ばれることになれば「ベップワニアン」が誕生するのでは、と期待されましたが、残念ながら実現しませんでした。最終的には、カナダにある「クロフォード湖」が基準地層の候補地に選ばれました（２０２３年7月12日）。この後は、上部組織の小委員会で審議され、承認を得ていく経過になります。

5　私たちは今、地球史の大転換期に立ち会っている

「人新世」が最終的にどうなるのかはともかくとして、地質年代や生物の進化史という気の遠くなるような長い時間軸から見ても、近年の人類活動が地球環境に与えている影響は甚大です。気候変動だけを取り上げても、地球環境の変調は当初の想定以上に深刻な事態に陥っています。

たとえば、気温が上昇するとある時点で雪崩が起きるように、物事がある一定の条件を超えると一気に大規模な変化が広がる転換点を、ティッピングポイント（tipping point）と呼びます。気候変動においては、そのティッピングポイントが来る可能性が高いのではないかと懸念されています。温室効果ガスなどによって引き起こされる変化が少しずつ蓄積し、ある時点を境にして、劇的に崩壊していくかもしれないのです。

そうした悪循環の大きな引き金になるのではないかと心配される現象として、グリーンランドの氷床融解、シベリアの永久凍土融解、南極の氷床融解、アマゾンの森林破壊、サンゴ礁の消滅などが挙げられています。ティッピングポイントを超えれば、山崩れのように歯止めなく気候変動が起こる事態になります。まるで、炭鉱で危険を敏感に察知

するカナリアのような、スウェーデンの環境活動家、グレタ・トゥーンベリさんの悲痛な訴えは、日に日に現実味を帯びているといえます。

地球の気候は、大気や海洋、森林や土壌などが複雑に相互作用している巨大なシステムです。それらの微妙なバランスの上で安定を維持している仕組みが、近年少しずつわかってきています。特に海洋については、何十年どころか数百年単位の水の動き（複数の海流）の変化が、大気の循環や気候の変化に影響してフィードバック的に反映されます。つまり、ごく微小な平均気温の変化であってもそれは複雑な連鎖を生じ、長期間にわたってより大きな変動につながっていくということです。

これは、現代の私たちが引き起こす行動とその結果が、その後に子々孫々の何世代、何世紀にもわたって影響を与え続けることを意味します。近年の異常気象の多発は、転換点の入り口で起きている現象であり、これからさらなる深刻な事態が続発する状況を覚悟すべきということです。そう考えれば、2015年のCOP21（国連気候変動枠組条約締約国会議）で採択された国際的な枠組みであるパリ協定の取り決めは、とても重要です。2050年頃を目途に温室効果ガス排出を実質ゼロとする目標は、ぎりぎり待ったなしの状況なのです。

第2章

地球史スケールの気候変動を乗り越えた人類

1　気候変動は過去にもあった

地球の歴史を見ると、将来的には氷河期に向かうとの予測があります。そうであれば、今の温暖化傾向を歓迎するというような考えを持つ人もいるわけです。はたしてどうなのでしょうか。

これは、長期的な時間軸上で起きている変化と、目の前で起きている変化とを安易に混同した見方といえます。地質学や地球物理学の知見では、2万～10万年という長い時間スケールで寒冷期と温暖期を繰り返していることがわかっています（図4）。

1000年くらいの短いスケールでの変動もありますが、長期の変化は、地球に降りそそぐ太陽エネルギー量（日射量）の変動に起因すると考えられています。

つまり、地球の自転軸の傾きや、地球が太陽の周りを回る軌道の周期的な変動などによるものです。この周期変動は、それを明らかにした地球物理学者の名前を冠して「ミランコヴィッチ・サイクル」と呼ばれています。

しかし近年の気温上昇、温暖化の傾向は、こうした日射量の変動などではなく、大気中の温室効果ガス濃度の上昇が主因であることがわかってきました。関連するさまざま

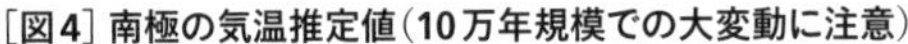
［図4］南極の気温推定値（10万年規模での大変動に注意）

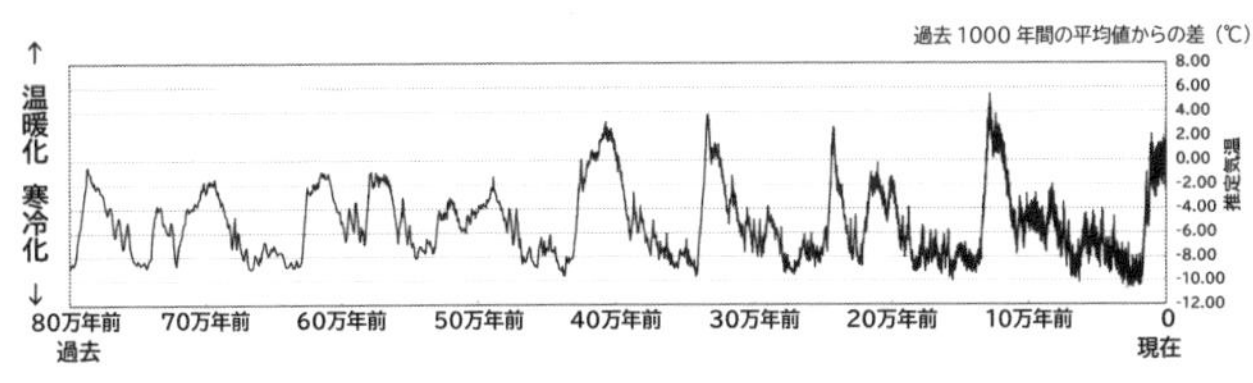

出典：国立環境研究所『ココが知りたい地球温暖化 Q14 寒冷期と温暖期の繰り返し』
（https://www.cger.nies.go.jp/ja/library/qa/24/24-2/qa_24-2-j.html）

な研究が進んでおり、南極の氷のサンプル（アイスコア）解析でも、当時の気候変動と大気中の二酸化炭素濃度の変化が密接に関係していることが示されています。

長い時間をかけた変化のスケール感はなかなか実感しにくいですが、おおよそ10万年単位での気候変動が繰り返されていることは確かです。そのサイクルでいうと、今は温暖期から寒冷期に向かう時期にさしかかっていると考えられています。しかし人類、特にホモ・サピエンスが繁栄し始める約1万年前頃からは、なぜか温暖な気候がそのまま継続してきているのが現状です（図4の右端に注目）。

その理由については諸説ありますが、人類の繁栄がリズムを乱してきたとする古気候学者、ラディマンの推測（ラディマン仮説）は一考に値します。人間が、森林伐採や大規模な農耕で、二酸化炭素やメタンの濃度を徐々に増加させてきたことが影響したとの仮説ですが、残念ながら実証はされていません。このあたりは、後述する人類の進化と発展にも関わる興味深い論点のひとつです。どちらにしても、人類の影響力という点では、環境に対する逸脱行為が産業革命以降に急加速化してきた結果が、今日の気候危機を引き起こしていると考えることは、理にかなっていると思います。

私たちは、ものを見たり考えたりするとき、日常的な感覚の世界でしか認識できず、特にスケール感についてはは想像力が追いつきません。数字の大きさを、グラフや図などを使って明示したとしても、そのスケール感をつかむことはなかなか難しいのです。イメージとしては、徒歩で見える景色、自転車や自動車で見える景色、新幹線から見える景色、飛行機から見える景色、それらがまったく違うのと同じ感覚でしょうか。

ミクロ（微小）とマクロ（巨大）の遠近法的な違い、数十〜数百年（短期）と数千〜数万年（中長期）の時間的感覚の違い、こうしたスケール感の差異をきちんと意識することがとても重要です。気候変動のみならず、大きな環境の変化、生物世界が見せる進化のダイナミズム、人間活動の動向を考えるために、これは欠かせない視点なのです。

そのスケール感を意識しつつ、さまざまな現象をくわしく見ていくことにしましょう。最初は、広く全体を眺望するような超マクロ的視点で、その概況をざっくりと見ていくことにします。

2　地球史の大異変、生物の大量絶滅、何が起きているのか

地球史という遠大なスケール上では、進化や大量絶滅という生物の大変動が過去に何度も起こっています。今、現在進行形で心配されている大変動を想像するにあたって、参考までに過去の異変や大量絶滅について、ざっと見ておきましょう。

この話のスケール感は、数万年という単位をはるかに上回る長・長期的な変化、何千万年、何億年という超巨大スケールにおいての出来事です。私たちの想像力を超えた地球の大パノラマ現象、気の遠くなるようなはるか昔の様子を想い描いてみましょう。

現在は大地と海に覆われた静かな「地球」ですが、そもそもは宇宙に漂う無数の塵や諸物体が集まった巨大な塊として、約46億年前に誕生しました。

原始地球は、大小の隕石が無数に衝突し、そのエネルギーで表面がどろどろに溶けた灼熱の塊（マグマ・オーシャン）だったり、巨大な原始惑星の衝突（ジャイアント・インパ

クト）によって一部が引きちぎられたりなど（月の誕生）、まさに激動の時代を経てきました。

そんな地球に生命の兆しが現れたのは、今から38～39億年前頃だったと推測されています。その起源についてはいまだ不明なことが多いのですが、海底火山近くの深海の熱水噴出孔あたりではないか（酸素を必要としない嫌気性生物、化学合成細菌など）というのが有力な説です。アミノ酸や脂質、複雑なたんぱく質などの高分子（有機物）が独自の絶妙なメカニズムを形成することで、原始生命体が誕生したとされています。しかし、生命の起源となった物質は宇宙由来なのではないかなど、その起源をめぐっては論争が続いています。

日本の小惑星探査機「はやぶさ2」が持ち帰った試料サンプルに、多くのアミノ酸や水成分が見つかって話題になりました。生命の起源が地球上のものなのか、宇宙から飛来したものなのか、あるいは小惑星起源のものかもしれないという可能性の中、近い将来に真相が明らかにされるかもしれません。

さて、誕生直後は不安定な状態の地球ですが、数億年の時の流れを経て、原始大気に含まれていた多量の水蒸気が雨となって降り注ぎ、広大な海が形成されました。その海に、地殻と火山の活動が部分的な陸地を形成していきました。その経過のどの段階においてかはわかりませんが、奇妙な活動（自己増殖）をする独特な存在（生命体の元祖）が、おそらく深海底において出現したと考えられています。

その後、次々と多種多様な原始生命体の活動が無数に生じてきた中で、化学合成細菌（嫌気性生物群）とは異なる、太陽の光を利用した生命体が出現します。光合成して酸素を放出する微生物（シアノバクテリアの仲間、好気性生物群）が、35億年前頃に出現したのです。

この後、地球の大気は劇的に組成を変えていきます。太陽光と水と二酸化炭素から有機物と酸素を生み出す好気性生物が繁栄していったからです。この初期生命体が二酸化炭素を吸収することによって、大気中の二酸化炭素の濃度は大幅に減少していきました。これは、地球表層の大気組成を大きく変えるドラマチックな出来事でした。

おそらくは気候の大変動も続いたことでしょう。その後も、地球の環境は丸ごと氷で覆われる全球凍結が数回起きるなど、不安定な状況が続く経過をたどりました。

興味深いのは、全球凍結のように環境が激変するのを契機として、生物の進化が起きていることです。特に大変革が起きたというべき出来事は、長らく微細な細菌類（原核単細胞→真核単細胞生物）だけであった生命体が複数組み合わさり、合体して、多細胞生物へと変貌をとげる進化の飛躍が起きたことです。単細胞生物の時代を数十億年間も経過したあとの出来事でした。多細胞生物への大変貌、生物進化の大きな飛躍は、今から約6億年前の全球凍結後に生じました。

それから、地球史上初の巨大生物（多細胞生物）が続々と誕生したことによって、奇々怪々な姿をした多種多彩な生物群が爆発的に増大します（化石が発見された地名からエディアカラ生物群と呼ばれる）。奇怪なエディアカラ生物群は、わずか3000万年ほどで姿を消し、現在の動物につながる仲間たち（三葉虫に代表される眼を備えた多様な動物群）が出現したのが5億年前頃です。この出来事は古生代カンブリア紀に起きたので、カンブリア爆発と呼ばれています（図5）。

地球の大気組成は、先ほどの好気性生物の出現による二酸化炭素の減少、酸素の生成のように生物の活動と密接に関わっていて、5億5千万年前頃から現在に至るまで、かなりの変化を繰り返してきました。

光合成は、水中よりも陸上のほうが働きやすいので、まずは植物たちが陸上に進出し

[図5] エディアカラ生物群からカンブリア紀へ

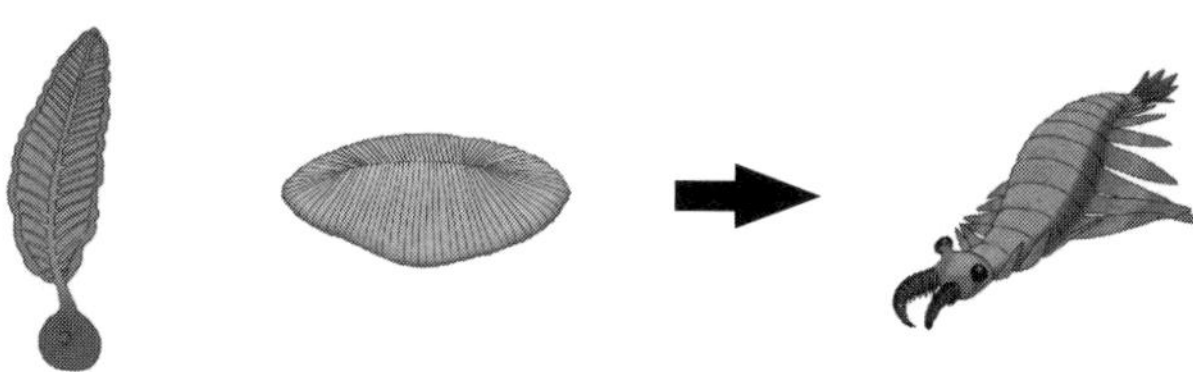

て繁栄します。大気中の酸素が上空でオゾン層を形成し、有害な紫外線を防いだことが陸上進出を助けました。そのあとに続いて動物たちが陸上へと進出をはたしていきます（4億7000万年前頃）。そして大気中の酸素濃度や二酸化炭素濃度などがそれにともなって微妙に変化していきます。古生代の後期、石炭紀の時代（3億5000万年前頃）には、大量の森林が形成されました。その森林は、まだ分解する微生物がいなかったために大量の石炭として地表に固定されました。

このように地球を舞台にしたドラマチックな変化が、生物の活動によってさまざまに引き起こされました。結果として起きる気候変動をはじめとした環境の変化が、さらに生物の進化を後押ししていきます。億年というスケールのこうした変化

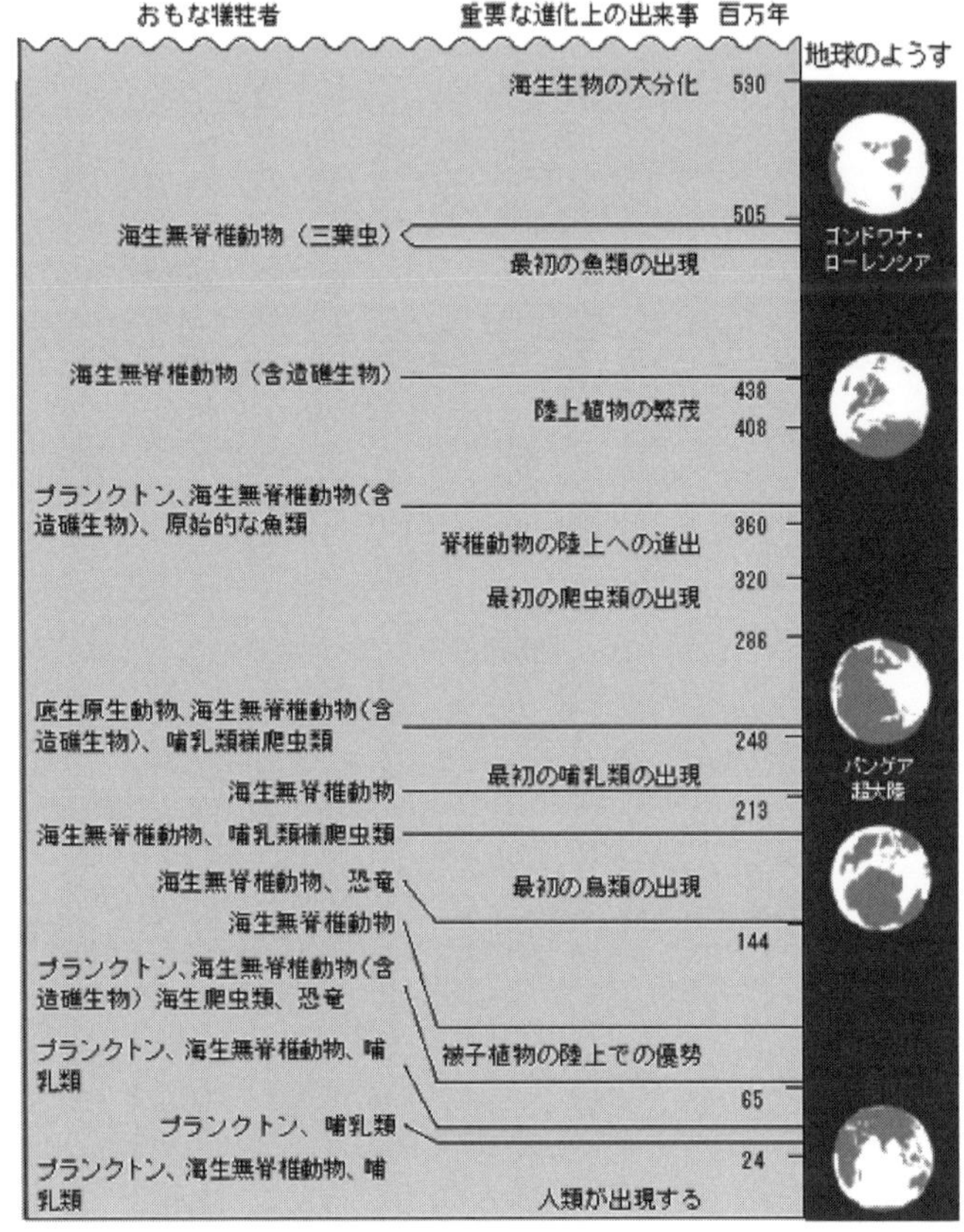
おもな犠牲者
重要な進化上の出来事
百万年
地球のようす
海生生物の大分化
590
505
海生無脊椎動物（三葉虫）
ゴンドワナ・ローレンシア
最初の魚類の出現
海生無脊椎動物（含造礁生物）
438
陸上植物の繁茂
408
プランクトン、海生無脊椎動物（含造礁生物）、原始的な魚類
360
脊椎動物の陸上への進出
320
最初の爬虫類の出現
286
底生原生動物、海生無脊椎動物（含造礁生物）、哺乳類様爬虫類
248
最初の哺乳類の出現
パンゲア超大陸
海生無脊椎動物
213
海生無脊椎動物、哺乳類様爬虫類
海生無脊椎動物、恐竜
最初の鳥類の出現
海生無脊椎動物
144
プランクトン、海生無脊椎動物（含造礁生物）海生爬虫類、恐竜
被子植物の陸上での優勢
プランクトン、海生無脊椎動物、哺乳類
65
プランクトン、哺乳類
24
プランクトン、海生無脊椎動物、哺乳類
人類が出現する

［図6］5回あった顕生代の大量絶滅

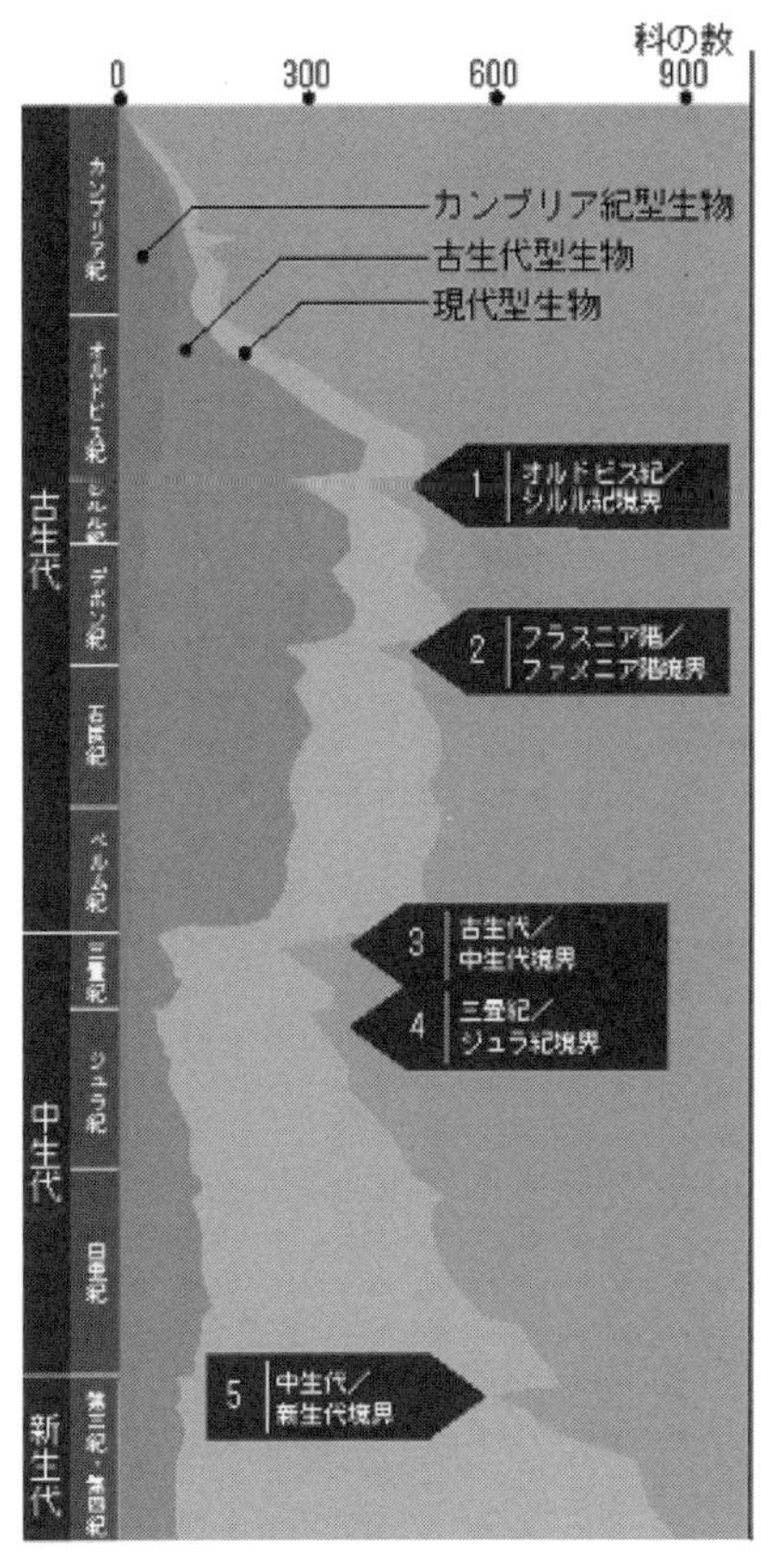

出典：環境省HP「環境白書・循環型社会白書・生物多様性白書」（https://www.env.go.jp/policy/hakusyo/h22/html/hj10010000.html）を加工して作成

は、地球を舞台にした大スペクタクル劇であり、地球と生命が共演する摩訶不思議なドラマといってよい展開だったわけです。

ところで、環境要因（火山の噴火や地殻変動、気候変動、巨大隕石衝突など）による生物の大量絶滅は、５億５０００万年前から現在までに5回ほど起きたことがわかっています（図６）。それぞれの出来事についても、私たちの想像を超える大惨事だったことは間違いありません。

3　1年間の地球史カレンダー

歴史的なスケールをリアルにイメージするためによく引用されるのが、１年間の暦に地球の歴史を当てはめた、「地球史カレンダー」です。長期にわたる時間の変遷を、感覚的にわかりやすく把握することができます。先ほどの地球の誕生から生物進化の歩みを、このカレンダーで見てみることにしましょう。

原始生命の誕生（39億年前）は2月25日頃です。光合成生物（シアノバクテリア）の増加（27億年前、5月31日頃）によって地球の大気に酸素が増えるのが5月～6月頃、多細胞生物の登場（12億年前）はそれからかなり時間が経過し、夏を過ぎて秋に差しかかる

9月末頃です。エディアカラ生物群と呼ばれる大型多細胞生物の出現（6億年前）は11月14日頃で、カンブリア爆発の動物群は11月16日頃に現れ、魚類が出現したのが11月20日頃です。そして陸上に植物や昆虫が進出するのが、なんと11月28日頃なのです。

恐竜が栄える中生代（2億5千万年前頃）が12月15日頃で、巨大隕石衝突による恐竜の絶滅（6千550万年前頃）は12月26日の出来事。27日頃に哺乳類が繁栄し始めて、類人猿から人類（猿人）が分岐（700万年前）するのが、12月31日午前10時40分頃、私たちホモ・サピエンス（新人・ヒト）がようやく登場（約20万年前）するのが、午後11時37分頃ということになります。

そこからは、農耕牧畜の始まり（1万年前）が午後11時58分52秒、産業革命（18世紀）が59分58秒です。59秒の終わりぎりぎりの一瞬が20世紀から現在（21世紀初頭）で、私たちが生きる今です。現代に近づくほど、進化が超加速化する様子がわかりやすく実感できるのではないでしょうか。

地球史の歩みでは、かなり初期から生命体が現れて、当時の地球とつかず離れずの関わりを続けてきました。環境変動に翻弄されつつも、次第に地球生命圏といわれるような世界を形成してきました。その歩みは、とてもゆっくりで遅々とした動きでしたが、

［図7］地球史カレンダー

月	日	時刻	出来事
1月	1日	0：00	地球誕生（約46億年前）
2月	25日		原始生命の誕生（約39億年前）
3月	29日		各種バクテリア類の増加（約35億年前）
4月			
5月	31日		光合成生物の増加（約27億年前）
6月			
7月			
8月			
9月	27日		多細胞生物の登場（約12億年前）
10月			
11月	16日		カンブリア爆発（約5億4000万年前）
12月	3日		大森林が広がり、脊椎動物が陸へあがる
	15日		恐竜が栄える（約2億5000万年前）
	16日		原始的な哺乳類登場
	20日		魚類の出現
	25日		恐竜全盛期
	26日	20：17	恐竜全滅（約6550万年前）
	27日		哺乳類の繁栄
	31日	10：40	人類の祖先誕生（約700万年前）
		23：37	ホモ・サピエンス（新人・ヒト）登場（約20万年前）

最終局面（11月、12月）になってから変化を急加速させて、多種多彩な生物世界を生み出していったのです。

とりわけ私たちホモ・サピエンスを出現させたのは、大晦日の夜です。地球史カレンダーでは、最後のほんの1～2秒足らずの時間で産業革命、化石資源（石炭・石油・天然ガス等）利用を急速に拡大させました。この勢いはすさまじく、すでに触れた気候変動のように、秒刻み以下の短い時間で環境破壊を生じさせているのです（図7）。

地球史の長きにわたる時間経過の中で、生命進化の過程での人類登場はごく最近のことであり、まだほんの一瞬の出来事です。その人類が、産業革命と化石資源の利用によって近代化の幕開けを迎えてから、世界が一変する事態を秒速単位で引き起こしているのですから、これを人新世における「グレート・アクセラレーション（大加速化）」と表現することは、的を射ているといえるでしょう（図8）。

4　人類の誕生、絶滅危機と気候変動を前にして

グレート・アクセラレーションとは、人類の活動によって地球環境や社会経済が急加速的に変動している現象を示す言葉です。20世紀後半から爆発的に生じたグレート・ア

［図8］世界人口の推移

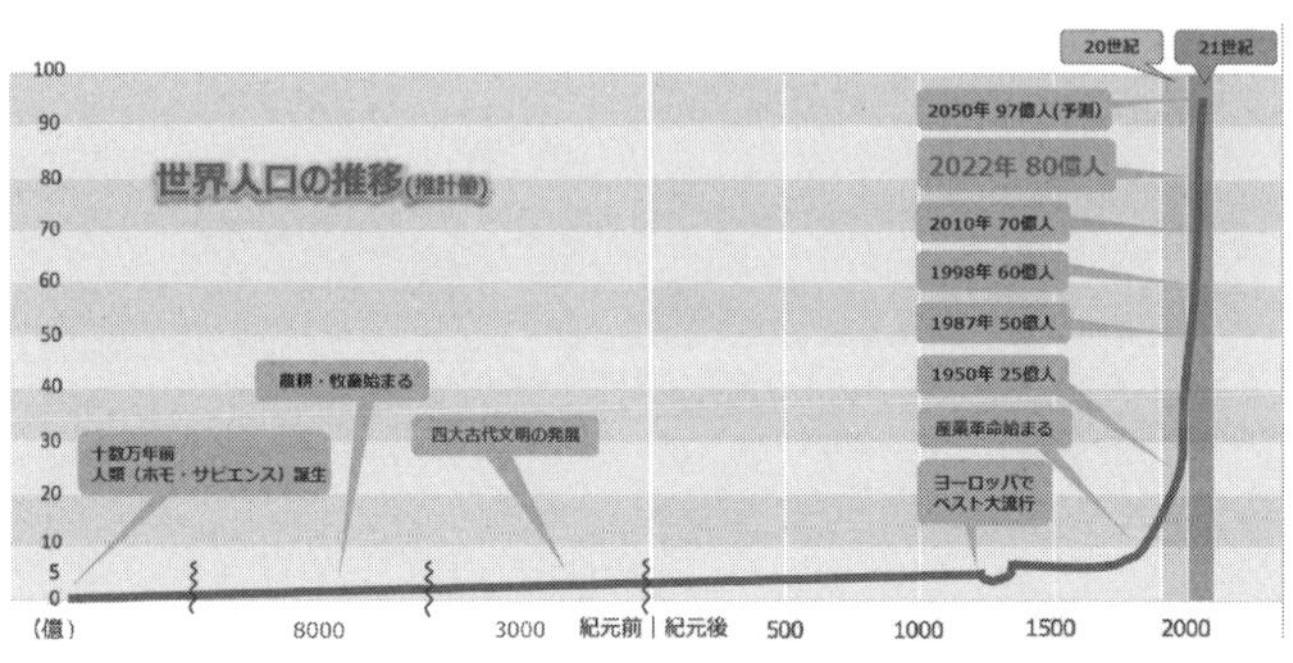

出典：国連人口基金駐日事務所HP（https://tokyo.unfpa.org/ja/resources/資料・統計）

クセラレーションは、人類史においてどのように位置づけられるのでしょうか。

長期にわたる地質学的な時代の変化については置いておき、ここでは哺乳類の中の霊長類、特に「人類」に焦点を当てて、その歩みを見てみることにしましょう。

ここまで、人類と現生人類（ホモ・サピエンス）とを区別して表記してきました。「人類」は人間の同類を含む総称で、約700万年前にチンパンジーとの共通祖先からヒト科・ヒト亜科（ホミニン）として分岐したグループです。いわゆる猿人・原人・旧人・新人といった絶滅種も含んだ、多種多様な同類（ホモ属）を指しています。

多くの系統に枝分かれしていったホモ属ですが、最終的に現在まで存続しているのは、私たち現生人類のホモ・サピエンスだけです。「人類」はこうした大枠を示す言葉として使用し、特に生物として現生人類を見る場合には、「ヒト」と表現します。ヒトの歴史については、前述した生命進化史と同様に、かなり波乱万丈な経過をたどってきたことが、近年明らかになってきました。

とはいえ、人類の歴史や進化についての研究は日進月歩で常に新たな発見があり、違った論点が次々と出てきます。詳細は専門書にゆずることにして、ここでは人類特有の発展の様子、特徴的な歩みについて、筆者が注目する視点から見ていきます。過去をふり返るだけでなく、人類の今後の展開、ポストヒューマン的存在についても考えていく、未来への視点を含む内容です。

人類化石の研究は、従来からの考古学的な方法から、DNA研究やゲノム（遺伝情報）解析によって飛躍的に進展しています。それは、2022年のノーベル生理学・医学賞に、ネアンデルタール人とホモ・サピエンスのDNAを比較解析し、新たな発見をしたスバンテ・ペーボ博士が受賞したことに象徴されるでしょう。

その発見とは、ホモ・サピエンスと近縁のネアンデルタール人が、分岐（約60万年

［図9］人類の進化の様子

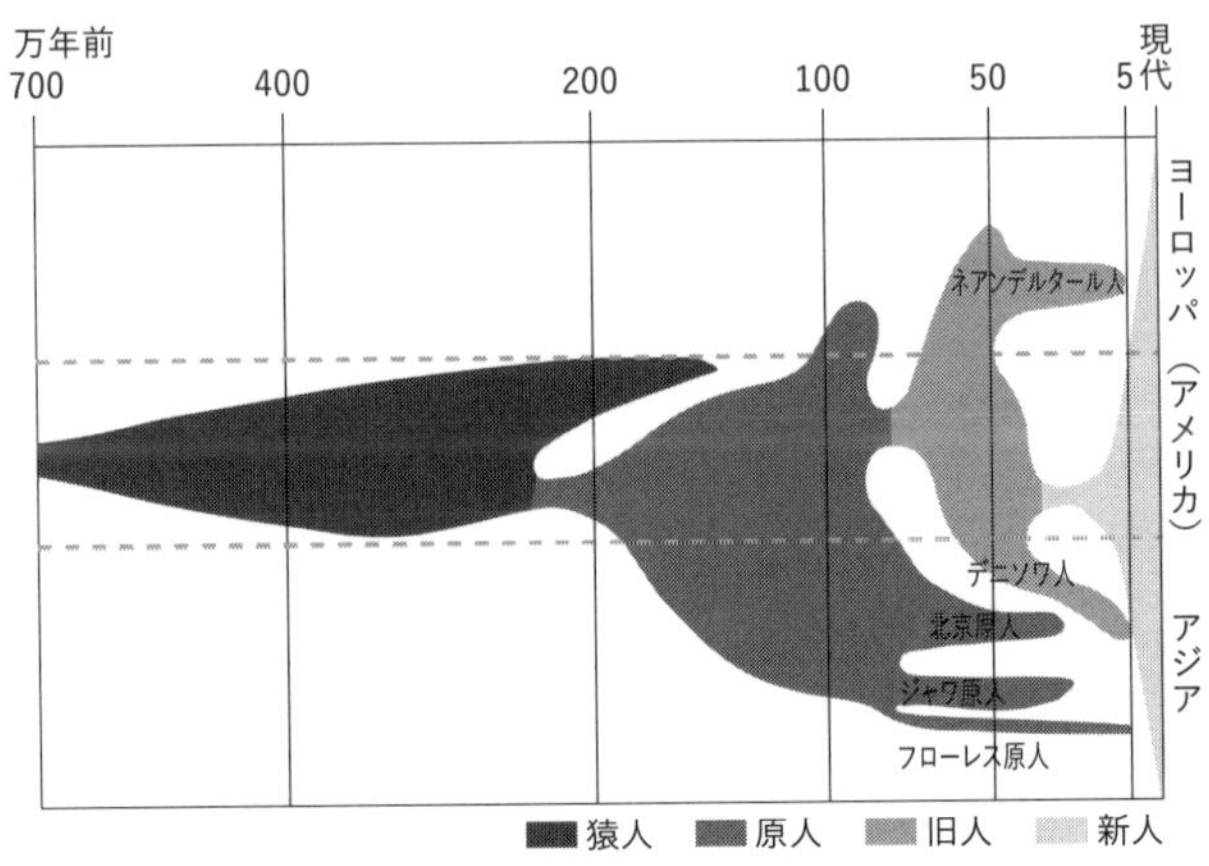

出典：沖縄県立博物館・美術館HP「学芸員コラム 人類の進化」(okimu.jp/miseum/column/1653266869/)を参考に作成

前）してからあとも一部で交雑が繰り返し行われ、私たちの遺伝子にもその痕跡が引き継がれている、というものでした。欧州、アジア人のDNAの1～4％は、ネアンデルタール人から受け継がれていることがわかったのです。

また、2008年にシベリア南部の洞窟で見つかった4万年前の骨のDNA分析から、未知のヒト族「デニソワ人」が発見されました。

かつては猿人、原人、旧人、新人というシンプルな系統が想定されていましたが、そんな単純なものではないことがわかってきました。これまでに発見されただけでも20数種の人類が多様に存在し、その多くが存続できずに絶滅したのです。そして、それらの絶滅した人類たちは、部分的に交雑もしていたようです（図9）。

現生人類であるホモ・サピエンスの進化の道のりをたどると、想像以上に複雑だったのです。ここで特に注目しておきたいのは、人類の幾多の枝分かれと進化の歩みにも、気候変動のような環境要因がとても深く影響していた点です。

5　ひ弱な新人（ホモ・サピエンス）だけが生き残った

アフリカを起源とする人類は、何十万年もの経過の中で幾度も新天地への拡散を試みていたようです。約700万年前頃は、ヒマラヤ山脈の隆起後、地球規模で環境が大きく変化していた時期で、寒冷化と乾燥化が進行していました。人類の祖先（猿人）は、気候変動で広がっていくサバンナ草原に、二足歩行で徐々に適応していったと考えられています。

当時の気候はたいへん不安定で、乾燥期と湿潤期が波状的におとずれ、多くの種類の猿人が出現しては消えていきました。2百万年前頃から変動周期が一定のパターンに入り、10万年規模で氷期と間氷期が繰り返されるようになると、ホモ・エレクトスなどの多様な原人が登場します。二足歩行から手の活用と道具の利用が始まり、火の利用による栄養摂取の改善と大脳の発達が進んで、環境への適応力が高まっていったのです。人類が初めてアフリカ大陸の外に進出した痕跡は200万年前頃からあり、150万年前頃には東南アジアや中国にまで進出していました（北京原人、ジャワ原人など）。犬歯や体毛が退化し、顔立ちが変化し、口頭でのコミュニケーション（言語）能力、道具利用、集団行動の向上が進んでいき、そこに新人（ホモ・サピエンス）が現れました。20万年前頃のことです。

勢力は小さく、体型的にもひ弱な存在でしたが、狩猟器具や縫い針の発明（による防寒衣類の作成）など、環境適応能力に優れたホモ・サピエンス（＝知恵のあるヒト）は、さまざまな難局を乗り越えて生き残っていったと考えられています。

その存続を脅かした危機には、12万～19万年前頃の氷河期によるアフリカ生態環境の悪化があります。極端に人口が減少することを、瓶の首が細くなっている様子に似ていることから「ボトルネック現象」と呼んでいますが、まさにこの現象を経験しつつ、人類は何とか生き延びてきたのでした。

また、約7万5000年前頃、現在のインドネシア北スマトラに位置するトバ火山の大噴火によって引き起こされた気候変動でも危機にみまわれました。巨大火山からの噴煙が地球を覆ったことによる寒冷化が原因です。当時、人口を徐々に回復させていたホモ・サピエンスでしたが、再び存続の危機に陥り、ここでもボトルネック現象が起きたことがわかっています。

いずれの時期も、全人口が1万人を下回りかける絶滅ぎりぎりの危機的な事態でしたが、何とか人類はそれを乗り越えてきました。そうしてごく少数の集団にまで減少したことの証拠が、私たちの遺伝情報に刻印されているのです。

ヒトの遺伝情報の差異はとても小さく、均一性が高いという特徴を備えています。世界各地には、肌の色や毛髪の違いなどで多種多様な人種がいると思いがちですが、その違いはあくまでも表面的なものであり、それこそ人類は皆、兄弟姉妹といえる存在なのです。

さて、少し話が反れましたが、こうした難局を生き延びた人類はほかにもいたものの（ヒトより先にユーラシア大陸に進出していたネアンデルタール人、デニソワ人など）、最終的には、ホモ・サピエンス、つまり現生人類だけになりました。ほかの人類と同じく、ホ

［図10］世界中に移動し広がっていくホモ・サピエンス

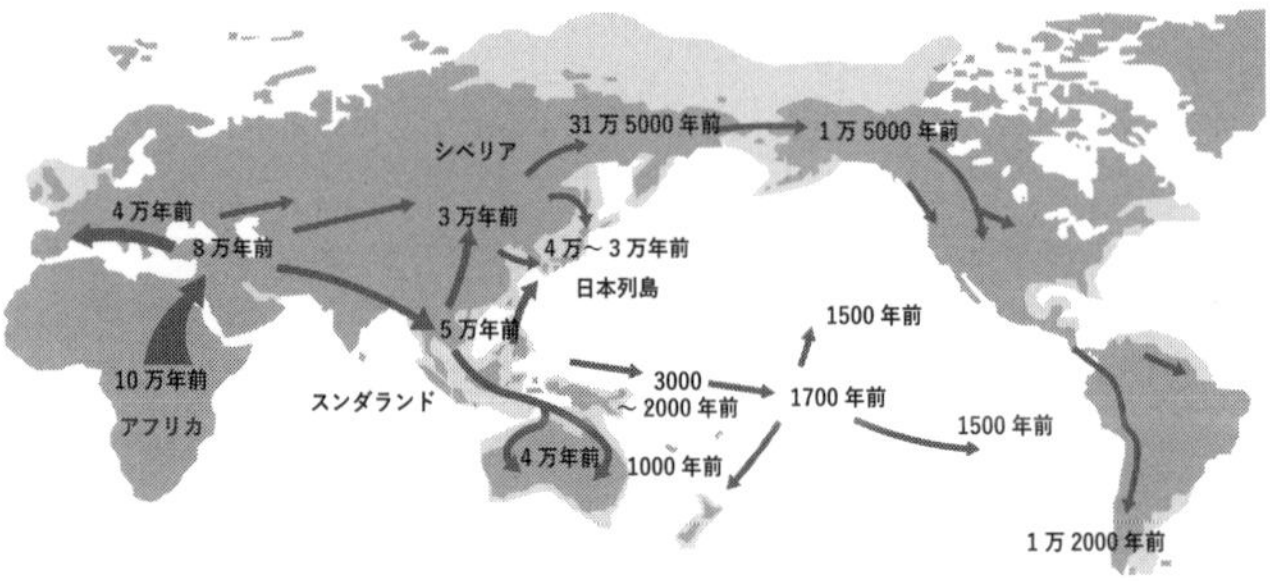

出典：国立科学博物館HP（http://www.kahaku.go.jp/special/past/japanese/ipix/1/1-14.html#）を参考に作成

モ・サピエンスも遅まきながらアフリカを脱出し、拡散していきました（約10万年前以降）。

そうした過程では、大型類人猿が種類によって生息域を分けて生活してきたように、先に進出していた旧人との出会いや住み分けが起きたと考えられています。環境変化への対応として移動や拡散を経る過程で、人類間での出会いや軋轢などもあったでしょう。最終的には、ほかの人類を追いやるようにして、ホモ・サピエンスだけが生き残り、繁栄をとげたのです。特にネアンデルタール人とは数万年にわたって共存しており、そこでどんな交代劇があったかについて、活発な議論が続いています。

いずれにしても、私たち現生人類はボトルネックを乗り越えて、少しずつ世界中に進出していきました。その苦難の道のりはグレートジャーニーと呼ばれていますが、たいへんなドラマが世界の各地で何度も繰り返されたことでしょう。長い時間をかけた末に、数十万人から数百万人、そして億単位の規模で大躍進する時代、「人新世」を迎えるのです（図10および図8・9参照）。

第3章

多くの人類が消えて
ヒトだけが
繁栄した理由

1　ホモ・サピエンスの進化

これまで述べてきたように、人類史においては、何万年というスケールで起きた気候変動や環境変化に対応するように、生活形態や生理・身体面の適応と進化が進行していったと考えられています。人類の進化的な適応で最大の特徴といえるのは、脳の巨大化と思考・コミュニケーション能力の発達でしょう。適応には、先述したような、少なくとも2度の絶滅危機などといったかなり厳しい条件を乗り越えながら、幸運といってよいプロセスを経て存続してきたのです。

ここまでにも、「人類」や「ヒト（ホモ・サピエンス、新人）」の表記は、一応使い分けをしてきました。以降は話がより複雑になっていきますので、改めて表記の意味の違いを確認しておきたいと思います。

「人類」は絶滅種も含む広くとらえた言葉として、「ヒト」や「ホモ・サピエンス」は生物としての現生人類という意味合いで、「人間」は今の私たちのような社会・文化・心理的な存在として使用していきます。

さてここからは、最新の研究を下敷きにしつつ、筆者なりの考えで話を展開していきます。

ヒトは、頭の大きい赤ちゃんの分娩、長い育児期間、体重に対して2〜3％ほどの重さである脳が全酸素消費の25％を必要とする非効率性など、相当な身体的負担をともなう存在でした。それらは生存上において不利になるので、存続が難しかったはずです。ところが、激変する環境に適応できる特別な能力、いわば奇跡的な進化をとげることで大きな発展の道を切り拓いてきたと考えられます。

くわしくは後で触れていきますが、特に道具の利用や、情報伝達（コミュニケーション）能力と脳の発達が相乗的な効果を発揮したこと、遺伝的な進化を超える文化的な進化が起きたことが重要です。独特の仲間関係（集団組織）や環境形成（農耕牧畜、居住、経済、文化・社会発展）が、その飛躍的進化を生み出しました。

そして、その変化スピードはとても速く、人類史700万年における最初の400万〜500万年前頃まで（猿人）は非常にゆっくりだったのが、200万年前頃から（原人）だんだん加速し（旧人）、約20万年前のホモ・サピエンス（新人）の出現で、新たな段階を迎えます。道具や言語の活用が進み、旧石器時代（約200万年前〜1万5000

年前頃）から、新石器・土器・農耕牧畜の時代（約1万年前頃）が始まるのです。

興味深いのは、農耕・牧畜という自然の改変・改良による発展が、氷河期が終わって温暖になってきた時期（間氷期、新生代・第四紀・完新世）にあたることです。その後の1万年間にも一時的な寒冷期はありましたが、気候は比較的安定して推移してきました。

そうした安定期が、その後の産業革命以降に変調をきたし始めます。特に20世紀後半以降の人間活動による温室効果ガスの増大は顕著で、気候変動の兆しが随所に現れて深刻な事態を迎えつつあることは、冒頭でも触れたとおりです。

その深刻さが、地球史で見ても、過去の大きな生物絶滅期に匹敵するような事態であることがだんだん明らかになってきました。今の研究では、現状での最後にあたる5番目、約6550万年前の生物絶滅期（恐竜）の絶滅速度を超えるほどといわれています。つまり、現在進行中の生物絶滅速度（年間何種くらいの生物が絶滅するか）は、驚くべきスピードで起きていると推察されているのです。

ここは非常に大事なので、改めて時間スケールにして確認してみます。ヒトの誕生史20万年のうち、終盤の農耕牧畜時代（約1万年）は20分の1（全体の5％）という短期間です。そして産業革命後（約200年）は、その1万年のうち2％の出来事です。ヒトの歴史上では最後のほんの一瞬、わずか0・1%という期間で生じたグレート・アクセラレーションがもたらす影響が、人新世における気候変動を筆頭にはっきりと現れているのです。

少し話を先取りするかたちになりましたが、ここからはグレート・アクセラレーションについて、ヒトという存在の特徴からさらに見ていきたいと思います。この急速で大きな変化の様子とメカニズムを探りながら、ヒトという人類の未来にどんなことが予想されるのかについても、少しずつ話を進めていくことにします。

2　何がヒトの進化を加速させたか

ヒトが進化したのは、脳が大きくなったからだと考えられています。しかし、進化と脳の拡大との関係についてはさまざまな疑問点があり、問題視されてきました。大きくは、次の3つの疑問です。

①人類の脳の拡大傾向は長期にわたって少なかったのに、原人から旧人への進化の過程（ホモ属の出現）で急拡大したこと。

②ヒトの出現以降に脳の拡大は起きておらず、むしろ新人（ホモ・サピエンス）では

縮小傾向の指摘もあること。

③脳が拡大しない中で、農耕・牧畜社会への移行を契機に各地で文明が芽生えて社会組織が高度化したこと。

以上が大きな疑問点として挙げられています。脳の大きさという生物的形態の変化と、精神や文化活動の発達との関係は、単純な比例関係になっていないのです。どうやら何か特別なメカニズムや、外見的ではない質的な変化、不思議な何かが起きていたようなのです。これらを総称して、「サピエント・パラドクス」と呼びます。

このサピエント・パラドクスを手がかりに、ヒトの進化が加速したメカニズムについて考えてみることにしましょう。

変化が加速したことについて推察できるのは、人類史においては遺伝子レベルまで何万年も時間をかけて変化（進化）してきたのに対して、ヒトにおいては、それとは何か別の要因が短期間での変化を生じさせたということです。人新世の今、まさに進行しているグレート・アクセラレーションの特徴や秘密も、このあたりに関係していそうです。

人新世におけるさまざまな仮説の中に、「人新世に生じてきた大加速化は、生物・生体（遺伝）的レベルの制約を脱し、独特な文化的進化によって実現した」という考え方があります。この考え方（文化的進化）を手がかりにして、ヒトの脳と進化の関連をくわしく見ていきましょう。

ヒトは、いわば手の延長として道具を見出し、細工し活用する技を仲間で共有することで発展させてきました。そして、もっと上手に活用する方法を、身振りだけでなく言葉を操ってコミュニケートする手法として、言語を発達させました。さらには各種シンボルや記号や数の概念を生み出し、いわば頭脳の機能を外部に拡張させていくような、特殊な技術（ツール）を創造していきました。それが個々の生物体の特性に終わらず、社会集団として共有・継承され、革新（イノベーション）されていきました。こうした「文化情報」が、独自の継承・発展様式をもたらし、環境適応力を飛躍的に高めていったと考えられます。

3　生物のジーン進化とミーム進化

「文化情報」を社会集団で共有・蓄積して、集団の内外で継承・発展していく様式とは、いったいどのようなものなのでしょうか。著名な生物学者のリチャード・ドーキンスが、遺伝子（ジーン）に対応する概念として、文化の継承と発展を担う「文化的遺伝子」をミーム（文化的自己複製子）と命名しました。遺伝子の複製や変異が生物の進化を促すのと同様に、ミームの複製や変異によって新しい進化様式が促されるというように考える研究は、近年、多方面で盛んです。

ジーンからミームへ、というと何かわかったような気になりますが、話はそれほど単純ではありません。ジーンにはＤＮＡという物質的な実体がありますが、ミームは実態が不明瞭です。

ジーンとミームにはどんな関係性と接続点があるのでしょうか。これは、人新世の時代を特徴づける原動力（大加速化を生む要因）がどのような経過で成立してきたのか、そしてヒトの発展、飛躍につながる原点、契機とは何だったのかという疑問でもあります。この飛躍の背景には、もう一段階のメカニズムが潜んでいるようです。

『利己的な遺伝子 40周年記念版』リチャード・ドーキンス著、日髙敏隆ほか訳（紀伊國屋書店）

ジーンとミームの重要な接続点は、変化が加速する引き金となった道具の利用の延長線上で生じた農耕・牧畜（栽培・家畜化）ではないか、つまりヒト独特の自然への関与とその改変・改良にあるのではないか――に注目して考えていくことにします。いわゆる文明の発祥につながる入り口となった出来事です。

農耕・牧畜は、野生生物のコムギやオオムギ、ヒツジ、ヤギ、ブタ、ウシなどが人間と親密な関係を築いていくことから始まります（1万年前頃）。

4 「家畜化」でどう変わるのか

モノを加工するために道具を利用する文化は、人間の周辺の生き物たちにも適用されてきたと考えられます。農耕・牧畜とは、人間が野生の動植物たちに関与して都合よく改良していく行為ですが、それはある意味での道具化と見なしてもよいでしょう。農耕・牧畜を表す英語は、「ドメスティケーション」（家畜化・栽培化）です。家畜化につながっていく動きは、農耕・牧畜以前の狩猟採集時代から徐々に進行していたと考えられます。近年、この「家畜化」に関する研究がとても盛んで、興味深いことがいろいろとわかってきました。

最初に人間と密接な関わりを持った動物は、イヌの先祖だったようです。食用や衣服として直接利用されるヤギ、ヒツジなどとは異なり、現在と同様の伴侶動物という存在ですが、イヌほど人間の意図や感情を読み取る能力を持つ動物はいません。現在では、小型のチワワやパグ、大型のグレート・デーンやゴールデン・レトリバーまで、その種類は驚くほど多種多彩です。

ヒトとイヌが共生関係を築くメカニズムの研究では、親密化の過程で不安や攻撃を司るコルチゾール、協調や信頼など社会的行動に関与するオキシトシンなどの内分泌変化の役割が明らかにされつつあります（図11）。

家畜化が可能になる特徴には、「攻撃性の低下」「従順化と協調性の獲得」「繁殖管理のしやすさ」などがあります。まずはその動物が、ヒトのすぐそばで生活するようになる自発的な人馴れ（能動的従順性）を持つことが第一歩となります。野生のオオカミに能動的従順性を持つものが現れ、自然選択と人為選択（ヒトがその生物を期待する方向に変化させる）の相互の影響を受けて、オオカミイヌが生じたのです。当初は狩猟の競合関係にあったものが、歩み寄りとおこぼれによる接近、餌付けと協調的な行動によって、イヌが狩猟の補助役のようなことを務める関係が生まれたものと考えられます。

獲物をいち早く見つけて追いつめるイヌのおかげでヒトの狩猟も助けられ、相互にとってメリットとなる蜜月の関係が築かれたわけです。この適応能力の拡大が、ヒトの

［図11］イヌとヒトの共生関係を促したメカニズムの仮説

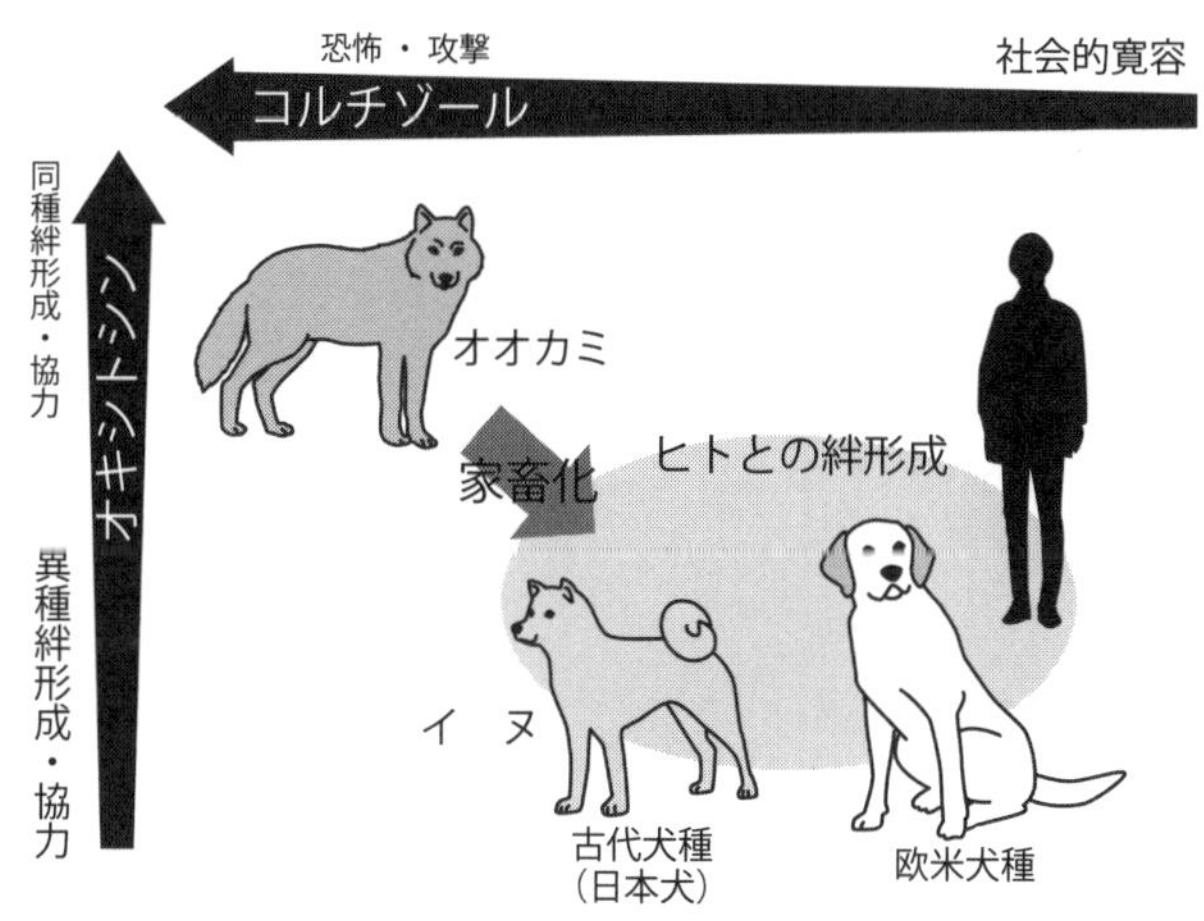

出典：kikusui et al., 2019,Trends in Endocrinology & Metabolismより改編

さらなる繁栄につながったようです。オオカミが家畜化された形跡が3万年前頃に見つかったことから、ちょうどその直前頃にネアンデルタール人が絶滅したこととの関連に着目し、『ヒトとイヌがネアンデルタール人を絶滅させた』（パット・シップマン著、河合信和監訳、柴田譲治訳、原書房、2015年）という本が刊行されています。

真偽のほどはわかりませんが、ヒトの繁栄の一方でネアンデルタール人のみならず大型の哺乳類が多く絶滅した形跡があり、イヌとヒトとの連携プレイの影響について一考に値する出来事だったのではないかと考えられます。

5　「家畜化症候群」と幼形成熟、幼形進化

野生の動植物を手なずけて利用するドメスティケーションにおいては、進化という側面でもたいへん興味深い特徴を見ることができます。『種の起源』のダーウィンも注目していた「家畜化症候群」という現象です。継続的な飼いならしの過程で、従順な性質、幼少期の長期化、脳や歯のサイズの小型化、毛や皮膚の色の変化、頭の形や顔面の変化などが生じていく現象です。

家畜化についての研究では、ロシアの学者、ベリャーエフが1950年代後半から長年にわたって試みてきた飼育実験が有名です。野生の攻撃的なギンギツネから比較的従順な個体を選び、長い世代にわたって（数十世代、約50年間）飼育した結果、なんと従順なキツネに変わっていったのです。選択交配を繰り返したギンギツネは人間を恐れず、尻尾を振ってなつき、毛皮の色が変わり、耳が垂れて尻尾が巻きあがった姿に変身したのです。キツネとオオカミは同じ

パット・シップマン著、河合信和監訳、柴田譲治訳（原書房）

イヌ科の仲間ですから、まさにイヌの家畜化の様子が再現されたわけです。

その後、この実験には最初のギンギツネの個体群に飼育場由来のものが一部まじっており、すでに従順性が加味されていた可能性が指摘されました。しかし、家畜化症候群の研究はその後も多く試みられ、結果としてこの変化が実際にどのようなメカニズムで発現するかが、次第に明らかにされてきたのです。

家畜化の過程では、馴れや親しみやすさといった幼児的な特徴を持つ個体が好まれて選抜されることで、その特徴を持つ個体だけが飼育されていきます。それを促すヒトの営みの蓄積（飼育）を継続していくと、結果として幼児的な特徴を強めた生き物となる、つまり家畜化症候群が現れるということなのです。

さらに、そもそも人間自身が進化をとげる過程で、自分をも家畜化するという現象が起きていたのではないか、つまり「自己家畜化」していたのではないか、という興味深い仮説が、実は以前から提唱されていました。

その後、一度は下火になったものの、家畜化症候群の研究が進んでそのメカニズムが解明されていくとともに、最近改めて、この自己家畜化論から人類の進化を見直す動きが活発化しています。

詳細は専門家にゆずりますが、家畜化症候群発現のための複雑なメカニズムから、幼少期の特徴を残す働きの重要性がクローズアップされています。それは、幼形成熟（ネオテニー）とか幼形進化（ペドモルフォーシス）と呼ばれる現象のことです。

ヒトの進化の過程では、共感能力や協力行動が過酷な環境を生き抜くために重要なことから、集団生活においての従順さや協調性を発揮する幼形成熟の特徴が作用したのではないかという仮説です。多くの動物の子どもはかわいらしく、親近感を誘発します（図12）。また好奇心旺盛で、未知のものに積極的に関わろうとします。ヒトの成長期は、他の霊長類よりもずっと長いので、いわば幼児性を持つ期間が延長されてきたと考えられるのです。

このような、家畜化症候群にみられる幼児性の特徴がヒトの集団でも作用したことにより、新たな環境への適応力が格段に高められていったのだ、と考える自己家畜化論はまだ研究途上ですが、たいへん興味をひかれる仮説です。

6　ヒトの自己家畜化現象

長期にわたる継続的な飼いならしでは、特に幼少期の特徴が発現したまま継承される

［図12］動物の子どもはかわいらしい

参考：『ネオテニー 新しい人間進化論』A・モンターギュ著、尾本恵市、越智典子訳（どうぶつ社）より動物行動学者ローレンツのベビースキーマ（幼児図式）〈Lorenz, K.1943〉をもとに作成

ということが重要です。その過程で、特別な機能を発現する遺伝子の働きや、ホルモン系・神経系の働きが関わっていることが明らかにされつつあります（図11参照）。

後ほどヒトの未来のところでも触れますが、幼児性が環境適応能力を高めた人類文明の推進力ではないかという点では、日本発のファッションで、幼児性の象徴である「カワイイ」が注目されたり、子ども向けの漫画やアニメが世界的に普及したりといった現象なども、もしかすると幼児性や自己家畜化と関係した進化の推進力が影響しているのかもしれません。

自己家畜化論の近年の研究に話を戻しましょう。ここでは何冊かの書籍を紹介します。ヒトの進化を自己家畜化との関連で論じた最近のものに、ブライアン・ヘアほか著『ヒトは〈家畜化〉して進化した 私たちはなぜ寛容で残酷な生き物になったのか』（白揚社、２０２２年）があります。他者と協調する友好性（協力的コミュニケーション能力）の獲得という家畜化の副次効果こそがヒトに優位性を与え、技術革新をはじめとする文化的能力を集団的に発展させたのだとする、興味深い論を展開しています。同書は現代社会までを含む幅広い内容ですが、特にイヌとキツネ、チンパンジーとボノボの違いな

ブライアン・ヘア、ヴァネッサ・ウッズ著、藤原多伽夫訳（白揚社）

リチャード・ランガム著、依田卓巳訳（NTT出版）

どを家畜化症候群から詳細に検討して、ヒトの進化的特徴を論じています。

ヘアと同様に、自己家畜化論の視点からヒトの従順性（社会性）の半面に潜む攻撃性を論じたものに、リチャード・ランガム著『善と悪のパラドックス　ヒトの進化と〈自己家畜化〉の歴史』（NTT出版、2020年）があります。ヒトの進化の過程で、友好性とともに攻撃性が生じてくる矛盾について、興味深い考察を行っています。攻撃性には「反応的攻撃性」（情動・衝動的な暴力）と「能動的攻撃性」（冷静・計画的暴力）があり、ヒトは進化的には反応的攻撃性を抑制させてきた一方で、能動的攻撃性は強化されてきたというのです。

ヘアは「人間は地球上で最も寛容であると同時に、最も残酷な種でもある」と指摘していますが、ランガムはより踏み込んで考察しており、ヒトが抱える残酷性からジェノサイド（集団殺害）や戦争という人間特有の現象を考える上では、興味深い指摘です。仲間との一体感（共感能力）は、対抗する敵対者への強い反感や憎悪を生むという両面性を持つのです。このことは、ナショナリズムや全体主義がはらむ暴力性やヘイトクライム（憎悪犯罪）にも関連して、現代社会とヒトの未来を考えるための最重要課題ともいえるので、本書のテーマとは少しずれますが、いずれ改めて考えるべきでしょう。

7　サピエント・パラドクスの答え

先に挙げた、ヒトの進化にまつわる3つの疑問、サピエント・パラドクスを覚えているでしょうか。本書では、自己家畜化論を想定することがひとつの答えではないか、との立場から、これまで論じてきたことをまとめてみたいと思います。これらの疑問を3段階の進化プロセスとして見ると、以下のようになります。

①（第1段階）について、人類の脳容量が原人から旧人への移行過程で増大した理由とは、「二足歩行」と「手と脳の発達と道具の利用」の相互作用が進んだからと考えられます。この生物的な進化は、何十万年というゆっくりとした時間をかけて進みました。二足歩行によって重い脳を支えやすくなり、またそれによって自由になった手の新たな

役割として、道具を用いることができました。その影響による体型の変化と、道具の利用が優れていく過程で、脳の発達と容量の増大が促進されていったと考えられます。

たとえば、草原に進出した人類は猛獣類が食べ残した死骸の骨を砕き、その中の骨髄を食用にしました。火の利用によって、食用にしにくいものが消化吸収できるようになり、栄養摂取の効率が大きく改善されました。それにともなって、牙のような大きな歯や頑丈な顎が必要なくなって縮小し、その結果として脳を大きくすること（脳容量の増大）が可能になったのです。道具の利用がめぐりめぐって相互作用し、いくつかの要因が重なって、脳が大きくなったということです。

②（第2段階）について、ヒトの出現以降は脳容量の増大が起きておらず、むしろ縮小傾向が指摘されている点ですが、これがまさしく、自己家畜化との関わりを想定することへとつながります。多種多様な旧人がいるところに遅れて登場してきた新人（ヒト）は比較的弱い存在で、身体的にも劣勢でした。その代わりにヒトは、道具の利用に優れていました。その身体的弱さが、石器、狩猟具、衣類（装飾具）などの道具利用の高度化につながり、さらにその弱さゆえに、集団で協力する体制（コミュニケーション能力）を強化したのではないかと考えられます。

つまり、身体的な劣勢を乗り越えるため、道具の利用を工夫していくとともに、助け合い、協力し合う関係を強化していったのがヒトなのです。その延長線上で、他の野生生物の飼育化や栽培化という行為もなされていました。そして、集団を増やして仲良く協力し合うときに、身振り手振り、楽器、発話など、まさにヒトを特徴づける言語的なコミュニケーション能力が育まれ、発達したのです。

仲良くなる、手なずける、そして飼育化する行為において、思わぬ効果が生じたのではないかと考えられます。これがいわゆるドメスティケーションの効果（家畜化症候群）です。脳容量の拡大が止まり、むしろ縮小する傾向は、家畜化症候群にみられる傾向とまさに一致しています。家畜化症候群では、攻撃性の低下、脱色や脱毛、そして幼児性の維持や脳のサイズの縮小といった現象も付随的に起こることなどから、この疑問へのそれなりの答えになっているといえるでしょう。

③（第3段階）について、脳容量が増大しない中で文明や文化の高度化がどうして促されたのでしょうか。特に農耕・牧畜社会への移行を契機に各地で文明が芽生え、社会組織が拡大・高度化し、さらにはヒトのグレート・アクセラレーションにつながっていく理由が問われます。この疑問には、ヒトが従来の遺伝的進化（ジーン）から文化的自

己複製子（ミーム）へと移行したからだと考えると、ある程度納得ができそうです。

つまり、自らの身体そのものを環境に合わせて適応させていくという生物的なくびき（制約）から解放されて、身体の外に道具や加工物（家畜や作物を含む）を生み出し、それを環境に合わせて利用する行為が人間の新段階への移行を促したということです。「脳の機能が道具を介して外部化された」と考えることもできます。また、脳自体の生物学的な拡張が一段落し、思考の過程が脳の外部で発展することで、脳への負担が軽減されているとも考えられます。

ミームの命名者であるドーキンスは、「人間の脳は、ミームの住みつくコンピュータである」と指摘し、ジーンとは別の新たな進化方式を想定しています。

思考活動にはまだ未解明な部分も多いのですが、脳の大きさと働きについては、脳内の神経組織や細胞の量ではなく、神経細胞の機能分化（神経内部にある各種ネットワークの形成）や機能の高度化などの複雑な仕組みが関係しているということがわかってきています。例えていうなら、大型のコンピュータが小さなパソコンやスマートフォンに置き換えられていく現象や、ハード（機材、ＯＳ）よりもソフト（アプリなど）の働きで高いパフォーマンスを発揮している、というようなことです。

第Ⅱ部

展開編

人間拡張のゆくえ

第4章

文明・文化によって

ヒトから人間へ

1　脳の能力の拡張とは？

能力の外部化は、道具を介することの意味や、そこで何が起こるのかを考えることが重要になります。道具の利用によって身体的な能力を補ったり代替したりするだけでなく、「身体の外に能力を拡張していく可能性が開かれた」ということが重要なのです。

それは、手や足がもともと備えていた能力からの逸脱であり、たとえば弓矢の利用、馬車、船、飛行機の利用などによって、ヒトは自らの身体の限界を超える能力を出現させました。シンプルにいえば「手足の延長」と考えてもいいでしょう。

それが脳になると、能力の拡張が独特な現れ方をします。たとえば情報処理については、前頭葉（「人間らしさ」を統括）というハードの中で、言語等のソフトが機能していると考えると理解しやすいでしょう。私たちヒトは、言語によって、概念やシンボルや物語を生み出す力を獲得しました。さらに、数字、記号、音楽、宗教（神様という概念など）、また貨幣や市場などを次々と生み出して、それによって分業や交易、国家などといった高度な社会・文化的発展を実現していったのです。

それはまるで、生身の「ヒト」から新たな能力を外に拡張していく特別な存在へと脱皮（メタモルフォーゼ）したかのように見えます。そのプロセスが、現代まで独特な歩みをたどっていくわけですが、それはヒトが自らとその外側を創り変えてきた歴史でもあります。

世界的ベストセラーとなった『サピエンス全史（上・下）』（柴田裕之訳、河出文庫、2023年）で知られるユヴァル・ノア・ハラリは、そのシンボリックな虚構を創り出して共有する力こそが、ヒトという存在を唯一無二の勝者にしたと指摘しています。その初期の様子は、太古の洞窟に描かれた壁画や装飾品、お墓などからもうかがえます。そ虚構の世界は、そうした物的な痕跡だけでなく、世界各地に継承されてきた神話や伝承、そして信仰や宗教というかたちで受け継がれ、発展してきました。それは科学においても同様です。

ユヴァル・ノア・ハラリ著、柴田裕之訳（河出文庫）

そのような虚構をあやつる能力の飛躍的発展が、脳の機能や容量の増大なくしてなぜ可能だったのでしょうか。

この点について、もう少しだけこだわって考えたいと思います。ヒトから人間への飛躍、ヒトを人間たらしめるようになった源泉とは、いったい何なのでしょうか。

2　文化がヒトを進化させた？

すでに触れているように、生物としてのヒトの変化（進化）が、何万年という時間を必要とする遺伝的進化から大きく逸脱し、千年単位、百年単位、そして数十年レベルにまで短縮され、加速化する動きが文化的進化です。それこそが、人新世という今の時代に進行している大変化の源泉ということです。

少し難しいところもありますが、ヒトが人間へと移行していく過程を、順を追って少しずつ見ていきましょう。

まずは、ヒトの生活様式から考えてみます。ヒトは、生まれた時点では無防備かつ無能力であり、長期間にわたってこまやかな保育（ケア）と多くの学習機会（教育）を経ることで、ようやく人間として自立的な存在となります。これは育てられ、養われるという点で、自己家畜化とも深く関係するところです。言葉や作法、習慣、道具の使用などを成長過程の中で教え込まれることで、初めて人間らしくなるわけです。

たとえば、ダニエル・デフォーの小説『ロビンソン・クルーソー』のような無人島での生活も、文化的蓄積（知識など）があってこそ、生きる術を発揮できたのです。赤子のままではヒトとして存続できません。もしあなたが現代人の遺伝情報を持ちながら石器時代に生まれたとしても、石器時代の社会・文化のなかでしか生存しえないのです。

しかし、遺伝的進化と文化的進化の間で、「文化－遺伝子共進化」が起きたという興味深い考え方を、ジョセフ・ヘンリックなどの人類進化生物学者が提示しました（『文化がヒトを進化させた 人類の繁栄と〈文化‐遺伝子革命〉』白揚社、2019年）。

ヘンリックは、「累積的文化進化」という概念から、遺伝子の変異につながる「文化－遺伝子共進化」に注目しています。それは、たとえば古くは人類が火を利用（加熱調理）することで、消化器系が変化（進化）したことなどを例示しています。火の利用は消化器系の変化だけでなく、料理を発展させたり、火を囲んでそれを維持したりするような集団行動様式（狩猟・採集や共食・共育行動）にも影響したと考えられます。また、火の利用のような長期間かけて変化を与えるもの以外に、比較的短期間において適応的変化を示す例も挙げています。たとえば高地で

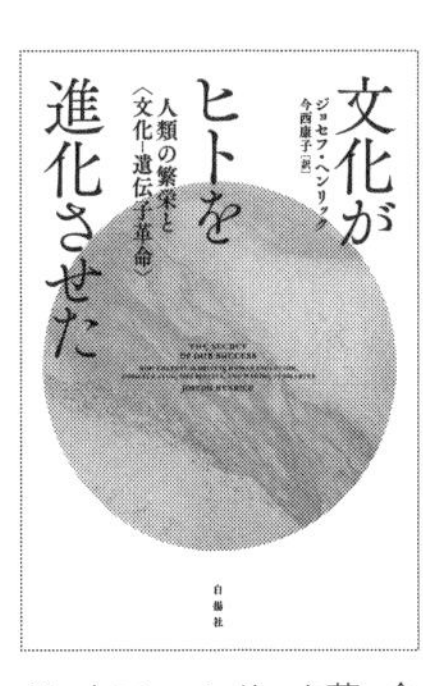

ジョセフ・ヘンリック著、今西康子訳（白揚社）

の生活（低酸素適応能力）や家畜乳の利用（乳糖分解酵素の活性化）でも、遺伝的進化が促される共進化のようなプロセスが生じていることを指摘しています。つまり、文化的進化の影響で遺伝的進化が促されるということです。

しかし、こうした遺伝子的進化は実は他の条件でも生じるので、とても複雑です。たとえば、ヒトをヒトたらしめている言語活動の出現と進化との関係については、詳細な研究が進行中です。

従来、文化については、遺伝と切り離して扱われてきました。典型例としては、文化人類学者、E・タイラーの文化・文明のとらえ方として、「知識、信仰、芸術、道徳、法律、慣習など、人間が社会の成員として獲得したあらゆる能力や習慣の複合的総体」がよく参考にされます（『ブリタニカ国際大百科事典』）。長い期間（千年や万年）の中で起こる文化的な変化については、遺伝的変化も考慮されますが、短い期間（十年や百年程度）の場合は、遺伝と切り離して考えたほうが、わかりやすいし扱いやすいのです。

ここでは、文化を「後天的に学習して獲得し、集団間や世代を超えて伝えられる複合的なもの」として扱います。遺伝的進化と文化的進化の関係は重要な研究テーマですが、本書では深入りしません。進化心理学などで興味深い研究がありますが、指摘だけに留めます。

技術も含む文化は、それ自体が独自のメカニズムを持つものとして扱うことで、わかりやすく話を進めていきます。特に、人間の変化が農耕・牧畜から都市文明、そして産業革命を経て、現代文明へと急加速的に展開する動きを、文化的進化から見ていきましょう。

3　「私」の中に刷り込まれているヒトの歴史・文化

ここで改めて強調しておきたいのは、ヒトは文化や道具によってつくられ、社会的に形成されていく生物だということです。その文化や道具は、外の環境に応じて変化し、適応していく可変性（フレキシビリティ）と創造性（クリエイティビティ）の上に築かれています。そのようなあり方で、ヒトは人間になりました。外の環境に好奇心を持ち、関与して改変していくという文化的な能動性を備えた「ヒト」だけが人間へと変貌できたのです。

私たちは、家庭や教育、社会からの無数のインプット（情報提供）を受けて、子どもから青年、成人というように独り立ちしていきます。そうした姿を俯瞰的に見れば、過去の文化の蓄積の上に育った私たちが、今、ここにいるわけです。私たちの成り立ちは、先祖からの継承あってこそであり、そのルーツをたどれば、全ては歴史の蓄積の賜物なのです。

この世に生まれ出た赤ちゃんが大人になっていく過程は、過去の歴史・文化が凝集されて刷り込まれているように見えます。二足で立ち上がり、発語から言葉を覚え、会話するようになっていく様子は、まるでヒトの進化史におけるプロセスの再現です。そんなふうに見ると、実に興味深くならないでしょうか。

ヒトから人間になる過程では、遺伝的情報とともに文化的情報も私たちの中に引き継がれていると考える視点は重要です。その視点で眺めれば、長い進化の歴史を、とても親近感を持って受けとめることができます。

文化や文明の基礎となった文字の起源は、最も古いとされる古代エジプトの象形文字（ヒエログリフ）でも、せいぜい約5千〜6千年前です。この文字の使用が、古代の都市や文明の形成に深く関係していたと考えられています。

農耕・牧畜による家族や部族の共同生活が、次第により大規模な集団や社会を形成していきました。その過程で、属する人々の一体感を醸成するために祭事や宗教が生まれ、その富や財産を集積して管理するために、文字や記号、数字などが役立ちました。農耕が発展していく過程では、土木工事が大々的に行われるようになり、天体観測や暦などを利用した季節的な変化への対応も実現していきました。

半面、土地や財産の集積などが進んだことで、利害の衝突が発生しました。抗争が起き、支配する側と服従する側というような階級的社会が生み出されていきます。また、集団と集団による争いや敵対によって、武器や武力（戦闘術）も発達しました。実際、文明発祥の地である古代メソポタミアの『ギルガメシュ叙事詩』や、古代ギリシャの『オデュッセイア』を筆頭に、激しい戦いや戦争の場面を描く古代神話が残っています。

その一方で、日本のアイヌ民族のように、文字を持たない社会が近年まで世界各地に存在してきました。支配や統治を逃れて、独自の文化や生活様式を維持してきた人々が多くいたのです。文明化の動きは、一律に進行してきた歩みでないことには、注意を払うべきです。定住生活を拒否し、いわゆる王権による支配や文明社会を回避する集団や民族も数多くいたことは、ジェームズ・C・スコットの一連の著作（『ゾミア 脱国家の世界史』佐藤仁監訳、池田一人ほか訳、みすず書房、2013年ほか）を見るように、歴史学や文化人類学の最近の研究が指摘するとおりです。

『ゾミア 脱国家の世界史』ジェームズ・C・スコット著、佐藤仁監訳、池田一人ほか訳（みすず書房）

また、人間の多様性という面では、読み書きや計算が苦手な学習障害（ＬＤ）の人が、一定数いることがわかっています。思いもよらない特殊な能力を発揮する人もいます（サヴァン症候群など）。創造的な研究を行った科学者には、自閉スペクトラム症とされる人が多くいることなども指摘されています。

たとえば、グレタ・トゥーンベリさんも、自身がアスペルガー症候群であることを公表しました。このような、通常から逸脱する人間が、各時代において人類の進化に重要な働きをした（危機の回避、道具の発明、創造活動など）と指摘する考古学者もいます。まさにヒトの存在とは多様性を土台にしたものであり、特に脳の複雑性と多様性の幅広さこそ、文明を促進してきた一因であると考えられるのです。

4　危うい土台の上に成り立つ人間社会

人間には生まれ出たあとの学習と教育が必要不可欠であるということは、見方を変えれば、学習と教育によってどんなふうにでもなる、ということです。それは、危うい土台の上に人間社会が成り立っていることを示しています。

人間が「つくり出される存在」であるということを端的に表現した有名な言葉に、フランスの哲学者ボーヴォワールの「人は女に生まれるのではない、女になるのだ」があります。

危うい土台というのは、たとえば俗説が多いものの、人間になりきれない野生児（狼に育てられた少女等）の話はよく話題になります。紛争地で殺人鬼として養育された少年兵の姿や、文脈は異なりますが、私たちを震撼させた日本の宗教団体、オウム真理教による一連の事件などを見ても、まさに人間とはつくり出される存在だということがよくわかります。

時代を少しさかのぼれば、世界史においては強固な階級社会や奴隷制、身分制社会などが長らく成立していました。基本的に、生物としての形態と機能は器であり、個人と社会（家族、コミュニティ、文化、宗教、国情、世界情勢）の複雑な集合体に組み込まれて形成されていく存在、いわば流動的な存在であるという特徴を持つ生き物が、人間なのです。

ここからは、人間がどんなふうにでもなる（可塑性がある）生き物であることを前提に、身体や精神の機能の外部化、あるいは能力の拡張を広い意味での道具の利用ととらえる視点で、現在と未来について考えていくことにしましょう。

ヒトは、手や足の能力の拡張として、さまざまな道具の利用を発展させてきました（生活用具、移動手段など）。他方、頭脳の拡張として、言語やシンボル、抽象概念を獲得して利用し、発展させてきたことはすでに述べました。言語の利用は、数十万年というとても長い時間をかけて習得していった能力ですが、記号や数字・文字のような外部記録（情報）手段は、千年単位、百年単位で獲得した能力です。識字率の高まりや数字計算の普及は、短い時間経過の中で達成されてきたものなのです。

そして教育の重要性が広く認識され、義務教育が普及するのは、産業革命を経た後の19世紀頃からでした。さらには高等教育が重視されていくわけですが、それは高度な先端科学技術が世界をリードするようになった現代のことであり、つい最近の出来事なのです。

いまや文明の最先端とその延長線上で技術革新（イノベーション）が急展開しており、

ＡＩのような人間の能力を脅かす存在が次々と登場してきています。ここからは、現代社会の話へと飛躍し、私たちの文化的発展が行き着いた最先端に視点を定めて、話を進めていきたいと思います。本書のテーマ、「人新世」という時代の現実に焦点を当てましょう。

5　現代社会を生きる困難さとSociety 5.0

ヒトは文化や道具によってかたち作られ、社会的に構成されていく生物であるということは、ここまで繰り返し述べてきたとおりです。人間の能力の拡張が、個人のレベルで、また集団組織のレベルで、どのような変化を生じさせてきたのか、また未来に生じさせていくのかという難しい問題を、少しずつ掘り下げていきます。

現代の私たちは、社会の高度化にともなって、かつてないほどの膨大な知識や道具、社会生活に必要なことなどを学びとり、自己形成を図らないと、とても生きづらくなっています。たとえば、身近な教育では、科目や教科内容の増大にそれが現れています。さらには、職業訓練、キャリア形成、リスキリング、成人教育、社会教育の必要性を生じさせています。

日常生活では、読み書きそろばんだけでなく、スマートフォンやパソコンなどを操作して情報を取得することが必要不可欠なものとなっています。

こうした変化は、外見的には社会の変化ですが、幸福感や生きる意味など、個々人にとっては内面の変化としても現れます。さまざまな要因によりますが、近年の不登校や引きこもりの増加、あるいは仕事への意欲やモチベーションの低下などは、高度化する社会の動きに適合できないことが関係しているのかもしれません。

外見的な社会の大きな変化について人類史的な視野から論じたものに、A・トフラーの『第三の波』があります。本書のタイトルは、第一の波として農業革命、第二の波として産業革命、そして第三の波として情報革命（脱産業化・情報化社会）を示したものです。大きなイノベーションの区切りを的確に指摘しているので、未来社会を論じる際によく引用されます。その見方の変形版といえるものに、最近日本で提起された「Society（ソサエティ） 5.0」があります。これは、内閣府の第5期科学技術基本計画において、日本が目指すべき未来社会の姿として2016年に提唱されたものです。

狩猟社会（Society 1.0）、農耕社会（Society 2.0）、工業社会（Society 3.0）、情報社会

［図13］人類の社会の発展段階

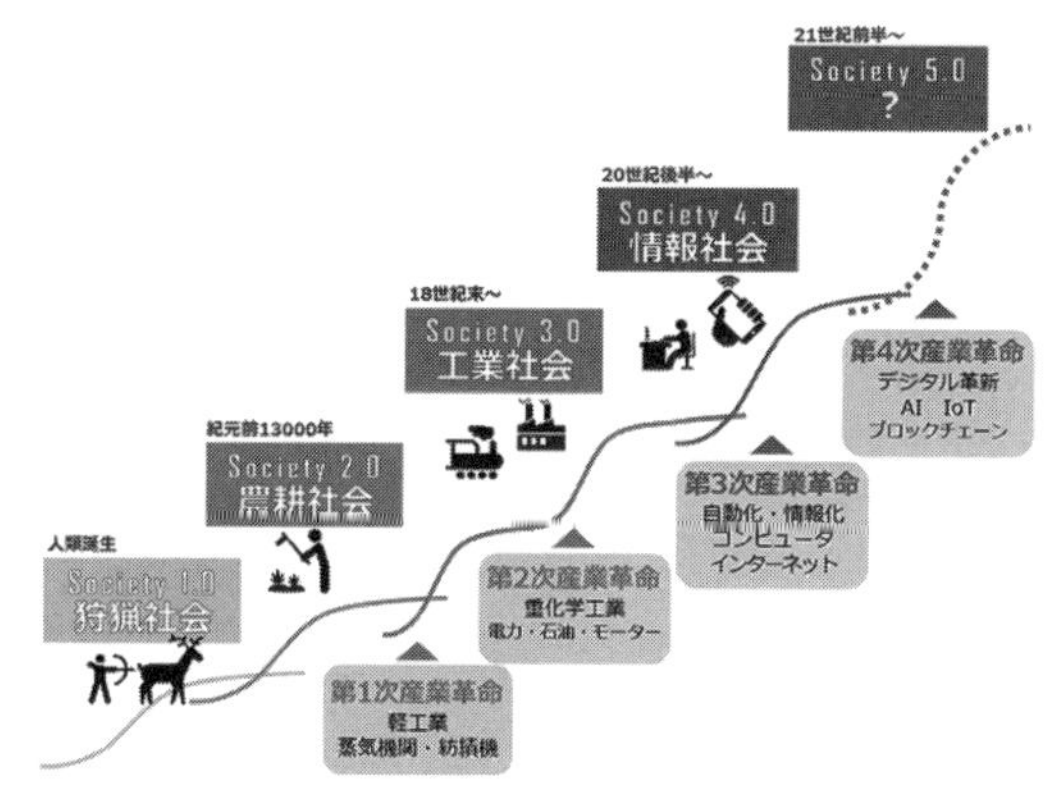

出典：経団連HP（https://www.keidanren.or.jp/policy/society5.0.html）の一部を加工して作成

（Society 4.0）に続く、サイバー空間（仮想空間）とフィジカル空間（現実空間）を融合させた人間社会を、「Society 5.0」（第5世代の社会）として位置づけています。そこでは、AI、ロボット、IoT、ブロックチェーン、ビッグデータ、クラウドコンピューティング、バーチャルリアリティ、自動運転技術などの先進技術を活用し、社会インフラや産業、医療、農業、交通、エネルギー、環境、教育などの分野を改革して、持続可能で豊かな社会の実現を目指すことが強調されています。経団連（日本経済団体連合会）のホームページにわかりやすい参考図（図13）があり、総務省の情報通信白書

（２０１９年）にもデジタル経済との関連図（図14）がありますので、示しておきます。

Society 5.0は、人間が快適に暮らせる超スマート社会、という構想です。そこでは、最新技術の活用による社会発展が、楽観的に描き出されています。しかしながら、その理想的世界には正負の両面が見え隠れしています。負の側面として、社会的格差の拡大や、その動きに乗れない人を排除する社会的分断を生む恐れなどが心配されます。

また、私たちの行動履歴や個人情報を活用する場面では、プライバシーの問題（情報漏洩、悪用）や、技術に依存しすぎることによる複雑な技術的トラブル、想定外の障害が生じてしまうといった社会的脆弱性を抱えこむ可能性も懸念されます。さらにＡＩやロボットへの依存が人間関係の希薄化を生んだり、管理社会の強化や誘導が行われたりという問題も見過ごすことはできません。

こうした社会構想を教育に投影する動きとして、文部科学省が発表した２０１９年12月の教育改革案に、「ＧＩＧＡ（ギガ）スクール構想」があります。教育現場に情報技術の活用を促進する政策で、全国の小・中学校に高速インターネット環境を整備して、児童・生徒にタブレット端末が配備されてきました。デジタル経済に対応する高度人材や、新産業の担い手の育成を想定しての取り組みですが、指導教師の不足や、活用のための条件

［図14］進化するデジタル経済とその先にあるSociety 5.0

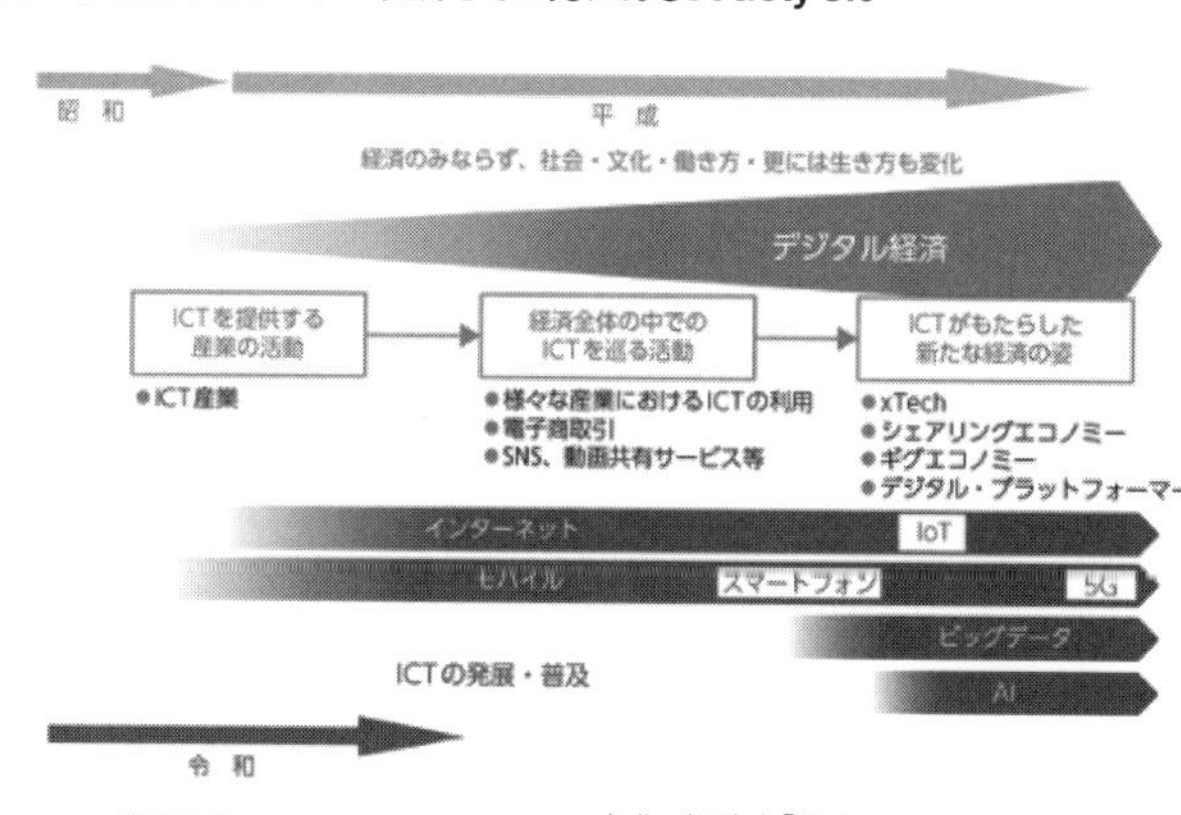

出典：総務省「令和元年版 情報通信白書」（https://www.soumu.go.jp/johotsusintokei/whitepaper/ja/r01/pdf/01honpen.pdf）を加工して作成

が未整備などの課題がある状況です。

　その反動として、タブレット端末の長時間利用による目の疲れや姿勢の悪化、運動不足、思考力や知力に与える影響についてなどの懸念点も同時に噴出しています。また、若年層のスマホ依存とネットやゲーム中毒の顕在化（脳機能・意欲の低下）、管理社会による息苦しさの深刻化など、その負の面をどう評価し、対処するべきなのか、現場の模索が続いています。

　このように、ひとたび身の回りで起きている現実に目を向けてみると、直面している問題がいろいろと見えてきます。

その意味では、近未来やそのもっと先の未来を見通すのは、とても難しいことです。しかし、その難しさを前提に、あえて未来の世界に目を向けることで、逆に今という時代を照らしてみることも必要です。そうすることで、現実世界がよりリアルに見えてきそうだからです（バックキャスティング思考）。

この考え方で、先のことを見ていきましょう。

第5章

ヒトから
ポストヒューマンへ

1　近未来からの人間への問いかけ

大きな変革期を迎えている現代社会ですが、この先をどう見通せばいいのでしょうか。さまざまな側面から考えてみることにしましょう。実はその際に参考になるのが、リアリティを感じさせてくれる小説や映画、アニメなどに描かれた世界だったりします。すでにポストヒューマン的な時代状況がさまざまな視点で描かれていて、考えさせられることが多いのです。いくつか紹介してみましょう。

小説では、ノーベル文学賞作家のカズオ・イシグロ著『クララとお日さま』（土屋政雄訳、ハヤカワｅｐｉ文庫、２０２３年）があります。近未来世界で、ＡＩを搭載したロボットのクララが病弱な少女ジョジーと出会い、友情を育んでいく物語ですが、そこに描かれる世界は独特です。

カズオ・イシグロ著、土屋政雄訳（ハヤカワepi文庫）

純粋一途のクララの目から見える人間の世界が、まさに矛盾に満ち満ちたものとして映し出されています。人間という存在の不条理性がクララによって逆照射されており、深く考えさせられる作品です。

内容は全く異なりますが、似たような構図で少年ロボットを主人公にした映画に、スティーヴン・スピルバーグの『A.I.』があります（2001年、ワーナー・ブラザース映画）。やはり少年ロボットデイビッドの視点から、人間たちに翻弄され、疎外されていく姿が描かれています。現実の人間たちと理想の人間像とのはざまで、プログラミングされた「愛情」と人間になる夢を追い求める物語です。

また、早くから「分人主義」（個人主義とは異なる人間観）を提起してきた作家、平野啓一郎著『本心』（文春文庫、2023年）という小説も、考えさせられる作品です。2040年代の日本を舞台に、事故で亡くなった母をAIとVR技術によるVF（バーチャル・フィギュア）として再生させ、展開していく物語です。

亡き母の面影と過去の痕跡を追いながら日々を過ごす青年が主人公です。仮想と現実が交差しつつ共存している近未来世界を舞台に、謎解きのように話が進んでいきます。人間と非人間ということを超越したとこ

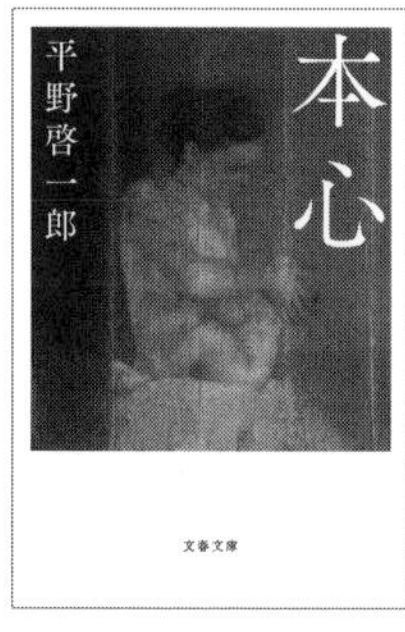

平野啓一郎著（文春文庫）

ろで、明暗織り交ぜて愛や幸福、命の意味を問いかけてくる内容になっています。

ＳＦ漫画の世界では、『攻殻機動隊』や『機動戦士ガンダム』などを筆頭に、興味深い架空の社会が先駆的に生き生きと描き出されてきました。

これらの作品は、Society 5.0 のような技術発展の楽観的なビジョンとは別次元で、人間の生き方や幸せとは何かという根源的な問いを、不安や可能性などのさまざまな側面から、リアリティをまじえて私たちに投げかけてきます。


現実においても、未来から人間のあり方を問いかけるような試みは、数多く起きています。ポストヒューマンは、１９６０年代にはＳＦなどで話題となり、特にＡＩの技術開発に関連して語られてきました。それを思想、あるいは世界観としているのがトランスヒューマニズム（超人間主義）という考え方です。１９９８年に世界トランスヒューマニスト協会が設立され、世界１００カ国以上にその活動が広がり、日本トランスヒューマニスト協会も２０１８年から活動しています。

同協会によれば、「トランスヒューマニズムは、生命を促進する原則と価値に基づき、科学技術により現在の人間の形態や限界を超克した知的生命への進化の継続と加速を追及する生命哲学の一潮流である」（「日本トランスヒューマニスト協会」HPより）と説明しています。そこには、芸術分野を含む多種多様な思想から、人間の生物的な限界を生命科学やテクノロジーで克服し、新たな可能性を切り拓いていくことが目指されています。

そうした考え方を、身をもって示したのが、2017年に運動ニューロン疾患（ALS＝筋萎縮性側索硬化症）で余命2年の宣告を受けたピーター・スコット－モーガン博士です。ロボット工学の専門家だった彼は、動作が困難になった自らに機械を装着してサイボーグ化する実験を試みたのです。2021年末のNHK『クローズアップ現代＋』で「ピーター2・0 サイボーグとして生きる 脳とAI最前線」が放送され、日本でも広く注目されました。重度障害を抱える人々にとっては、希望の灯をともすような試みでしたが、残念なことに翌年の6月に、ピーター博士は逝去しました。

同様の試みとして日本で注目されているのは、やはりALSを発症した武藤将胤（まさたね）（WITH ALS代表理事）さんの活動です。ロボット研究者の吉藤健太朗さんと共同で分身ロボットを開発し、不自由な身体ながらもクリエイティブな事業に挑戦し続けています。その活動としてALSの啓発音楽フェスを企画し、ライブ、オンライン配信、メタバース（ネット上の仮想空間）で同時に発信しました。

また、脳波と分身ロボットのテクノロジーを掛け合わせる技術開発の様子を、YouTube（https://youtu.be/XphOfvO5Jz4）で見ることができます。

2　道具はヒトをどう変えるか

テクノロジーを駆使した人間拡張は、どこまで可能なのでしょうか。ソニーと東京大学が2017年から2020年に行ったヒューマンオーグメンテーション学（ソニー寄付講座）は、人間の能力を総合的に拡張するヒューマンオーグメンテーション（人間拡張）学の研究開発と、実社会での活用の推進を目的とする講座ですが、ここでは人間拡張の方向性を大きく「身体」「知覚」「存在」「認知」の4つの要素に分類しています。この4つが相補的に組み合わさって展開します（図15）。

「身体」の拡張は、外骨格や義足をはじめとしたウェアラブル（装着）デバイスによる身体機能の拡張です。

「存在」の拡張は、今ここにいる自分の存在を超え出ていく体外離脱的な拡張です。それは、存在感覚を解放してほかのものに接続・拡張（ジャックイン）することで、空間

［図15］人間拡張の4要素

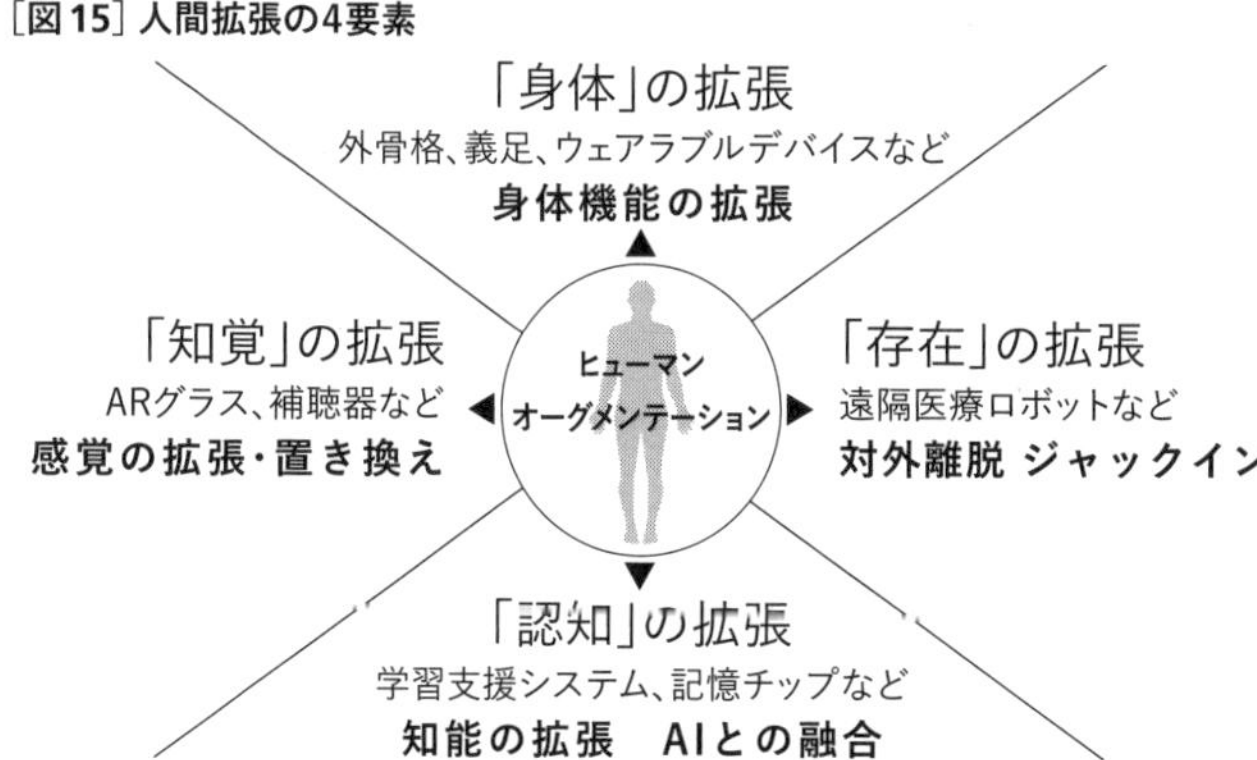

出典：「ヒューマンオーグメンテーション学（ソニー寄付講座）活動記録I」（humanaugmentationblog.files.wordpress.com/2018/10/habook_i.pdf）P16の図2を参考に作成

の壁を超えて遠隔地に飛ぶような試みです。

「知覚」の拡張は、存在の拡張とも一部重なりますが、感覚の拡張や置換を、いわゆるＡＲ／ＶＲ（人工現実・架空現実）などを通して生み出していくものです。

そして「認知」の拡張は、先の3つと重なりつつ知能や認知（学習や理解）を拡張、特にＡＩと人間を融合する試みです。

このような拡張技術が商業的に展開されている具体例として、アバター（ネット上の自分の分身・化身）やメタバースが現実化しており、拡張世界はすでに日常に入り込み始めています。

こうしたバーチャルな世界にハマるファン層も生まれており、その様子はメタバースの浸透ぶりをルポ風に紹介した『メタバース進化論』

（バーチャル美女ねむ著、技術評論社、２０２２年）にくわしく紹介されています。

見方によっては人間の新たな可能性を予感させ、興味をかき立てられます。先に紹介した平野啓一郎さんの「分人主義」が、すでに身近になりつつあることがわかります。

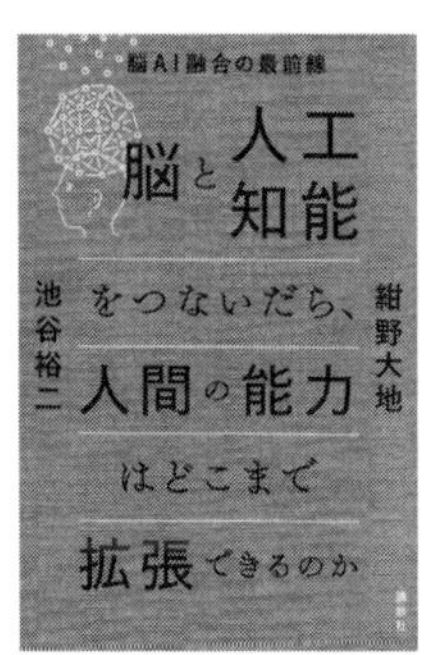

池谷裕二、紺野大地著（講談社）

バーチャル美少女ねむ著（技術評論社）

他方、脳とＡＩを融合させる最前線の研究は、『脳と人工知能をつないだら、人間の能力はどこまで拡張できるのか』（紺野大地、池谷裕二著、講談社、２０２１年）という、そのものずばりのタイトルの本が刊行されています。同書は、ネズミを中心とした、驚くような動物実験が多く紹介されています。まだ動物実験レベルですが、研究の最前線（池谷脳ＡＩ融合プロジェクト）から、将来に起きそうな出来事をリアルに感じさせてくれます。かなり楽観的に脳の限界のアップデート、トランスヒューマン的な進化への近未来が展望されていて、驚くことばかりです。

実際、イーロン・マスクが立ち上げた会社ニューラリンク（Neuralink）は、脳に埋め込まれた電極によって、思考だけでゲームをプレイするサルの映像を公開しています（2021年）。3分ほどの公開動画で、驚くべきサルの行動を目の当たりにすることができます。「ペイジャー」と名づけられたサルの脳に、約1000本の電極が内蔵された直径23ミリのチップが埋め込まれており、実際にゲームをする様子の動画ですが、ここまで来たかと驚くばかりです。

ちなみに後日談ですが、その後、このサルのペイジャーが死亡していたことがわかり、死因をめぐって調査が行われています。マスクは、サルの脳への埋め込み（インプラント手術）は慎重に行われており、死期が近い個体だったとの説明をX（旧Twitter）で語っています。しかし、ニューラリンクの動物実験の記録調査では、手術時の炎症や不具合で複数頭のサルが死亡あるいは安楽死させられていることから、発言の真偽が疑われている状況です（「WIRED」2023年9月30日）。

ここで図15の人間拡張の4分類図に戻ると、この図は人間の能力の拡張を表すものとして非常にわかりやすいものです。その特徴は、個人を中心に拡張が外へと向かう様子

［図16］脳にチップを埋め込まれたサルがゲームをする様子

YouTube（https://www.youtube.com/watch?v=rsCul1sp4hQ）より引用

が示されていることです。テクノロジーが私たちの能力を拡張していくわけですが、ぱっと見た印象としては、人間が機能的存在（ロボット的存在）として扱われているように見受けられます。それは、人間拡張が機能を中心にした工学的な発想で描かれているからでしょう。

　気になるのは、中心に位置する人間の内面（精神）と、外に形成されていく世界とが相互に与える影響や関係性が、あまり慎重に考慮されていないようにみえることです。先に紹介した『メタバース進化論』を読んでも感じていたところですが、人間拡張の先にいったい何が起こるのかは、とても気になるところです。

この点について、もう少し掘り下げてみます。

3　人形が語りかけるもの

私たちヒトの中心にある精神には、人間拡張によってどんな影響がもたらされるのでしょうか。言い換えれば、自分という存在の拡張をどう考えるのかということです。ここでは、ＡＩやロボットなどによる能力拡張技術を想定していますが、似たような拡張的な出来事は以前から、たとえば乗り物の創出、使用などがあります。こういった道具による技術的拡張だけでなく、お酒や麻薬などの使用による認知機能や感覚世界の拡張もあります。

より身近なところでは、自分や他者の分身、あるいは投影として、古今東西で「人形」がつくり出され、活用されてきました。私たちはすでに、一種の拡張現実的なものとして、ずっと昔から「人形」に親しんできたのです。近年、ドールブームが再燃し、最近も「私たちは何者？ ボーダレス・ドールズ」展（渋谷区立松濤美術館、２０２３年７月～８月）が開催されたりして、注目を集めています。

この展覧会は、平安京跡に出土した人形代（ひとかたしろ）（呪具）をはじめ、雛人形、フィギュア、ラブドールから、民俗、工芸、彫刻、おもちゃ、現代美術、人形芸術運動、戦地慰問人形などに至るまで、実に多種多彩な日本の人形ワールドをパノラマ的に展示したものです。人形は人間の写し鏡であり、単なるモノを超えた心と体（感情と生命）が宿る存在であることを実感させてくれるような、とても興味深い意欲的な企画でした。

また、実物の人形たちを大学の授業に持ち込んで講義を行っている、菊地浩平さんという人形文化研究者がいます。その授業は毎回満席になる人気ぶりとのことですが、とても興味深い内容です（『人形メディア学講義』河出書房新社、２０１８年）。子ども時代を懐かしむこと以上に、分身として、かけがえのない存在として、私たちの想像を超えて多彩に親しまれてきたのが人形です。人形の世界にも時代や世相が色濃く反映されており、私たちを取り巻くもうひとつの世界が、そこに隠されていることがよくわかります。

「私たちは何者？ ボーダレス・ドールズ」展　2023年7月1日(土)〜8月27日(日)　渋谷区立松濤美術館

いずれにしても、人間の伴侶としての「人形」の多様さから見えてくる物事に注目してみるのは、考えている以上におもしろいものです。

そこには、人間という存在の奥深い感性が映し出されています。

最近では、人形供養やロボット供養までもが行われるようになりました。また、皆さんおなじみの漫画『ドラえもん』では、道具の持つ超能力によって翻弄される世界が描かれたりしていることから、私たちは仮想現実との付き合い方を、すでに少しずつ習得しかけているのかもしれません。

人形に投影されるさまざまな姿は、かなりの部分がＡＩやロボットにも当てはまりそうな気がします。操る、操られる関係の原型が、人間と人形との関係性において見えてきます。今後、より身近に実体化していくロボット、アバター、アンドロイドなどと、私たち人間がどう付き合い、共存していくべきかについて、人形たちは多くの示唆を与えてくれています。

菊地浩平著（河出書房新社）

4　能力の拡張は心にどう影響するか

私たちはすでに、武道や芸能、アート、そしてスポーツなどの直接的な身体能力の向上においても、能力拡張といってよい体験をそれなりに積み上げてきました。拡張（訓練）の際には、問題が生じないような工夫や具体的な方策をとっています。たとえば、身につけた能力の暴走を制御する手立てとして、精神修養、免許皆伝、資格試験、免許証、さらには法規制、あるいは倫理的な規制などによって、その能力と折り合いをつけてきたのです。

そうした意味で現在、ＡＩには倫理規定の動きやロボット倫理の想定、生命操作（バイオテクノロジーや遺伝子改変など）には応用倫理学などが、今後起こりうる問題について取り組む動きをしています。しかしながら、これまでの延長線でどこまで対応と対処が可能なのでしょうか。決して楽観視はできないでしょう。

また、精神面への影響や脅威についてもそうです。私たちの内面に、なんらかの重大な変化を及ぼさないのでしょうか。先述したスマホ依存症やゲーム中毒、電子メディアが急速に普及する過程で顕在化している自己の内面性（精神性）の希薄化や、人格として「私」を特徴づける固有性の喪失といった問題は、すでに顕在化しているのです。脳機能の拡張・外部化が、他方でその弱体化（思考能力の退化）を引き起こす落とし穴になっているといってよいかもしれません。

少し前の本になりますが、Ｂ・サンダース著『本が死ぬところ暴力が生まれる　電子メディア時代における人間性の崩壊』（杉本卓訳、新曜社、1998年）が参考になります。断片化したメディア情報への依存は、フェイクニュースに翻弄されやすい近年の世相と無関係ではない点をいち早く示唆しています。私たちの人間性が、言語能力に深く結びついて発達していく点に注目し、若者の活字離れなどが「自己」の形成を喪失させる危険を指摘しています。

情報の断片化に埋没していく世界が進行すると、人格の統一性や連続性に揺らぎを生じるのではないかという懸念を述べています。他人や動物がのりうつる憑依（ひょうい）現象や、解離性同一性障害（多重人格障害）などを思い起こせばわかりますが、人間の人格形成にはいまだ解明されていない部分が多くあります。パーソナリティ障害、自閉症、自己偏愛などを引き起こす要因とならないか、注意を払い続ける必要があります。情報機器による能力拡張が始まったのはまだ短期間の出来事なので、さまざまな検証や研究が今後も重ねられていくことでしょう。

B・サンダース著、杉本卓訳（新曜社）

一方では、新たな人格形成の可能性を肯定的に展望する考え方もあります。すでに触れた分人主義やメタバース進化論、トランスヒューマニズムの思想などがそれです。若者たちの間では、SNSに別々のアカウント（ネットスラングで「垢（アカ）」と略）を持ち、本垢、裏垢、リア垢、オタ垢など、目的別に使い分けることが普通に行われているようです。メタバース的な進化は、すでに思いのほか進行中なのかもしれません。

それにしても、トランスヒューマニズムに象徴される能力拡張への欲求に、なぜ私たち人間はこれほどまでに魅了され、駆り立てられるのでしょうか。さまざまな見方がありますが、そのひとつとして、進化の源泉に深く根ざしていると考えることもできそうです。

イーロン・マスクのような人物が典型ですが、賛否はあっても常識やルールという制約を強引にでも打ち破って、未知なるものへ果敢に挑戦していく姿に、少なからず私たちが魅了されてしまうのはなぜでしょう。ひとつの答えとして、人間の進化や自己家畜化論で触れた、ネオテニー（幼形成熟）やペドモルフォーシス（幼形進化）を想定することができるかもしれません。

つまり、生物の幼さが持つ特徴（幼児的好奇心の強さなど）の発現が、私たち人間を突き動かしているという考え方です。こうした力が人間の根底にあるからこそ、トランスヒューマンを追い求めてしまうのだと見ることもできるでしょう。それを冷めた目で見れば、まさに幼児的な自己拡張意識の現れであり、自己を唯一無二の存在につくり上げたいという潜在的な欲求（誇大妄想）の表出というといいすぎでしょうか。

5 世界の拡張とポストヒューマンのゆくえ

拡張した外側の世界について、もう少し深掘りしたいと思います。思想・哲学的な話が中心になりますが、未来を考えるうえで、視野を広げるための重要な視点です。

道具や技術を生み出した人類の創造性に着目した思想家に、『創造的進化』で知られるフランスのアンリ・ベルクソン（1859〜1941年）がいます。思想家であり哲学者の彼は、人類の特徴を技術の視点からとらえて、ホモ・ファーベル（作る人）という概念を提示しました。生命が秘めているダイナミックな創造力の源泉が、人間においては工作する能力として出現しているという見方です。この見方は、以後の人間観、とりわけ宇宙まで視野に入れたさまざまな進化的思想に影響を与えました。

以下では、ベルクソンの創造的進化という発想をさらに延長させて、人間能力の道具的拡張のゆくえについて、まさにミーム的進化がどんな変態（メタモルフォーゼ）をとげていくかに関して、想像力を遠い未来にまで飛躍させてみることにしましょう。

人間の未来を論じる思想家として、その一例に、ユニークな人間論と進化思想を展開した、フランス人のピエール・テイヤール・ド・シャルダン（1881〜1955年）がいます。古生物学者でかつ司祭だった人物ですが、彼の「精神圏の進化」という思想に共鳴したのが、「知の巨人」として知られる立花隆さん（1940〜2021年）です。彼立花さんは、人間の能力の限界や拡張について広い視野から論評した評論家ですが、彼が注目した世界は、個人が拡張されるだけではなく、インターネットが結びつける情報ネットワークが、「グローバル・ブレイン」とでも表現すべき新たな有機的世界を形成し始めていると見る世界観です。人間はもちろん、機械やロボットを含めてインターネット上に有機的なネットワークを形成する姿（超有機体）について、それ自体を生命体、特に人間の新たな飛躍的進化（超生命体の形成）と考えてよいのではないかという発想です。その先駆的な思想が、シャルダンの「精神圏の進化」に見出せるとして、彼の思想を再評価したのです。く

ピエール・テイヤール・ド・シャルダン（1881〜1955年）

わしくは『サピエンスの未来　伝説の東大講義』（講談社現代新書、２０２１年）などを読んでみてください。

また、見方は異なりますが、同じようにマクロな視点から拡張とテクノロジーの進化論を大胆に語る異色の編集者・作家に、アメリカのケヴィン・ケリー（１９５２年〜）がいます。かつてアップル社の創業者であるスティーブ・ジョブズも傾倒した『全地球カタログ』とその後の『ＷＩＲＥＤ』誌の編集長などを務めた人物で、彼の独特の技術進化思想を信奉する人は数多くいます。彼が提起しているのは「テクニウム」という思想で、新しい概念です。人間の能力拡張としての道具や技術それ自体が、あたかも昆虫が脱皮し、変態（メタモルフォーゼ）するように、新たな進化様式として独自展開するという考え方です。

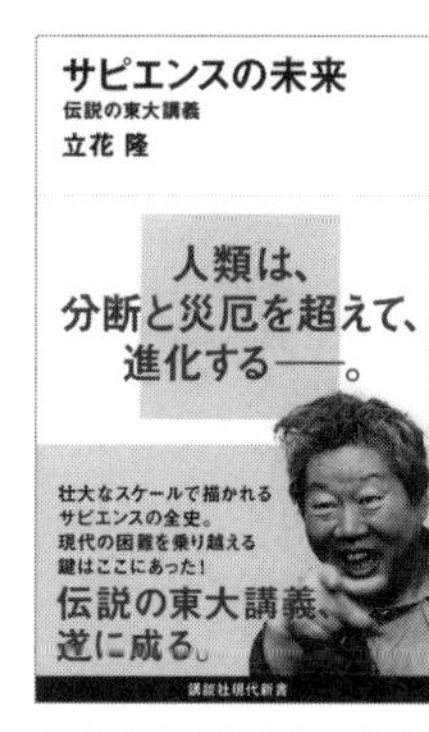

立花隆著（講談社現代新書）

6　脱人間化の行く先——テクニウム、クトゥルー新世

従来、テクノロジーは、人間がつくり出す外部的なものとして考えられていたのを、

彼は「テクノロジーは自己強化する創造システムである」として、自律的に進化していく存在様式（テクノロジーが生き物のように自己生成的に展開）としてとらえるのです。ちょうど母親が子ども（別個体）を産むように、人間がつくり出したものそれ自体が自律的に発展・進化する――それはまるでテクノロジーに生命が宿っていくかのような、壮大な考え方です。

ケヴィン・ケリー著、服部桂訳（みすず書房）

ケヴィン・ケリー著、大野和基インタビュー・編、服部桂訳（PHP研究所）

生物が進化していく過程の環境への適応も、テクニウムの原初形態としてとらえています。そして、人間によるテクノロジーの発展（ヒトの能力拡大）もまた、テクニウムの進化形として位置づけるのです。その延長線上の世界では、ヒトを超えるＡＩが生まれてくるとし、さらにはテクノロジーが大規模に結びついたシステム（テクニウムの進化系）の出現をもうひとつのポストヒューマン的世界像として想い描いています（『テクニウム　テクノロジーはどこへ向かうのか?』服部桂訳、みすず書房、2014年)。

生命と物質を切り離すのではなく、融合する進化形態として見ています。生物が海から陸へと飛躍したように、地球から宇宙への進化の飛躍を想像させます。まったく新しい未来世界を想定するユニークで大胆な考え方といってよく、まさに従来の世界認識を大きく超える発想です。これはトランスヒューマニズム的であり、どちらかといえばテクノロジー至上主義の立場を感じさせます。

他方、ケリーとはまったく異なる立場で、特にジェンダーや性差における旧来の発想を超え、さらに生物種の区分けをも超えるような見方から、独自の考え方を提示する人物がいますので、もう一人紹介してみましょう。

アメリカの学者、ダナ・ハラウェイは、フェミニズムの観点を含んで、以前から斬新な問題提起を行っています。彼女は、「サイボーグ・フェミニズム宣言」や「伴侶種宣言」「サイボーグ・フェミニズム」といった、機械と生物のハイブリッド

『猿と女とサイボーグ 自然の再発明 新装版』ダナ・ハラウェイ著、高橋さきの訳(青土社)

（異種の掛け合わせ）や動物と人間の共生系（犬、猫など伴侶種）から、新たな世界観を想い描いています。彼女は、男女差などの既存の境界線を超える思想、従来の固定的な価値観や権威性を問い直し、二項対立的な枠組みを打破していくユニークな発想を特徴としています。

その革新的な提起のひとつとして、「人新世」という人間中心主義的な発想への批判精神から、「クトゥルー新世」という言葉を提示しています。人間の存在を超える神話上（クトゥルー神話）の超生命体「クトゥルー」をイメージしたものですが、人間をとりまく微生物や多種多彩な動植物の全ての境界線を含める、腐植土（微生物が動植物の死骸を分解した物質を含んだ土壌）的な存在論へと視点を広げる斬新な問題提起です。あらゆる生命活動が融合し、合体した末に行きつく世界のイメージです。

どことなく、『風の谷のナウシカ』の世界（腐海の森と、蟲や粘菌がつくり出す地下世界）を連想させるような、独特の

『Donna Haraway: Story Telling For Earthly Survival［DVD］』（A Film by Fabrizio Terranova, 2016）
ダナ・ハラウェイの著作と並行して製作されたドキュメンタリー映像

世界ビジョンです。かなり抽象的な世界観なので、ここではイメージの一例として、紹介のみに留めておきます。

こうしたテクニウムやクトゥルーなどの、見えないものを見出す能力こそが人間らしい人智なのかもしれません。人間とそこにある世界について、その根源で展開しているダイナミズムを見究めようとする思想的な挑戦は、私たちが気づきにくい視点を提示してくれます。それは一種の、魔法がかった不思議な望遠鏡ではるかかなたの未来世界をのぞかせてくれるような、まさに人智を超えた発想力から、人間存在の既成の枠組みを突破する試みといってもよいでしょう。

さて、遠未来から再び近未来へと視点を戻しましょう。気づきにくい、見過ごしがちな世界は、実は身の回りにいくらでも隠れています。

7　未来を語る一方で直視すべき現実

見えないものを見出すという意味で、ここまでに紹介してきた思想はとても斬新ですが、その一方で気になることは、見落とすべきでない重要な論点が多くあるという点です。特に懸念として指摘しておきたいのは、ヒトの能力の拡張が、国境を超えていまや宇宙にまで及んでいるのにもかかわらず、国内外で軋轢や衝突が収まらない現実です。

宇宙に人間を送り出すという素晴らしい成果を実現している半面、世界の各地で内戦やジェノサイド（集団殺害）、軍事衝突や戦争を起こしています。人間のこうした行動を見ると、その統治能力の不完全性や欠陥が露わになり、成果と弊害のアンバランスな状況に首をかしげざるをえません。私たち人間のアンビバレント（相反）な性向について、改めて自覚する必要があります。

たとえば、かつてないほどの経済的豊かさを実現する一方で、そこに巨大な格差と貧困を生み出している現実があります。最近の報告では、ひと握りの富豪（数十人）が所有する資産が、人類全体の下から半分の人々（約40億人）の資産を上回っているという状況が示されています（イギリスを拠点とする非営利団体「オックスファム」の報告書から）。

世界で起きている現実は、何を見るかによって見え方がまったく異なります。これは、見たいものしか見ない、特定の事柄にとらわれやすいという人間の性質によるものでしょう。

著名な文明評論家であるルイス・マンフォードが著した『権力のペンタゴン 機械の神話・第2部』（生田勉・木原武一訳、河出書房新社、1973年※絶版）という本は、先見の明があったといえます。彼は、人間社会が推進してきた技術発展を、強大な力を持ち、矛盾をはらんだメガマシン（巨大機械）としてとらえ、その全体像を描き出しています。

技術体系が、人間を機械の部品のように組み込んで支配してしまう――それは、人間が自身のつくり上げたシステムに依存し、従属させられていく姿です。まさしく、すでに触れた、一種の自己家畜化現象といえるかもしれません。そんな悪夢のような実例が、第二次世界大戦下のドイツ、ナチス政権による科学技術国家です。

ルイス・マンフォード著、生田勉、木原武一訳（河出書房新社）※絶版

この本が明らかにしたことは、人類史において世界が発展する様子を正負の両面から俯瞰する見方であり、発展の源泉である技術体系を批判分析的にとらえる視点です。人間と技術と社会が複合体として、まさに共進化的な発展を導いてきましたが、それは発展的可能性とともに大きな落とし穴を内在しているのです。

人類の繁栄をもたらしてきたテクノロジーに全

幅の信頼を寄せ、イノベーションへの期待ばかりが喧伝されがちな昨今ですが、はたして本当にそれだけでよいでしょうか。核兵器や原子力開発がその典型例ですが、技術がつくり出す巨大システムを、トータルで批判的にとらえる鋭い分析視点や、批判的人間論・文明論を構築することが、今こそ必要とされているように思います。

人間が発展していくありさまを、マンフォードのようなメガマシン化した姿としてとらえ直す試みは、ほかにもあります。

19世紀、産業発展と資本主義経済が大躍進をとげた時期に、経済学、哲学の巨匠、カール・マルクスが著した『資本論』は、その批判的視点の先駆ではないでしょうか。人間が生み出した「資本」という拡大・増殖する経済システムが、人間を従属させ、支配するメカニズムを克明に分析しました。最近、哲学者で経済思想家の斎藤幸平さんによる『人新世の「資本論」』がベストセラーになったことは、現代にその問題意識がよみがえってきたといえるのではないでしょうか。

資本をめぐるさまざまな問題が、再びクローズアップされ始めました。人新世の今だからこそ、人類がつくり出した資本主義社会のあり方が真正面から問われているのです。

8　人間が操られる新・家畜化社会？

人新世という時代をどうとらえるかというとき、グレート・アクセラレーションをもたらしている原動力の中核について、もっと批判的な見方や考え方が必要な気がします。そうしたとき、人間が生み出して独自に拡大増殖する「資本」という存在に光をあてる視点は、もっと注目されてよいでしょう。今、「人新世」に対する代替案として、「資本新世」という言葉が語られ始めています。前述のハラウェイもこの言葉をよく使います。内容的にはまだ未成熟な概念ですが、一考すべき問題提起といえそうです。

また今日、最新のデジタル革命がもたらす資本主義の新展開を批判的に分析する試みがあり、直近未来に出現するだろう社会への批判として注目したい動きです。その筆頭に挙げられるのが、人々の個性や選択的自由までも囲い込んでゆく、資本主義の新たな段階を鋭く分析したショシャナ・ズボフです（『監視資本主義　人類の未来を賭けた闘い』野中香方子訳、東洋経済新報社、2021年）。

新たな道具主義ともいえるデジタル情報革命が、人々の消費生活や仕事までも知らないうちにデジタル情報化し管理する、見えにくい監視社会（集産的管理社会）をもたら

す と指摘しています。資本主義が、人間のあらゆる情報を吸い上げて効率よく管理し、ビジネス化するという新段階に入った様子を、人類史的歩みを意識する視点で詳細に分析しています。

私たちが日々そのサービスを利用している、グーグルやアマゾンなどの巨大プラットフォーマー（企業）は膨大なビッグデータ（個人情報）を蓄積しており、それをビジネスの拡大に役立てています。私たちの購入履歴は、さらなる事業拡大につながる宝の山なのです。また手軽な働き方として急激に普及しているギグワーカー（ネットを介して仕事を受注する労働者のことで、たとえばフードデリバリー代行などがある）ですが、労働者である個人個人の労働状況がデータ管理され、賃金コスト削減や人事管理まで、たいへん効率的に活用されています。

ショシャナ・ズボフ著、野中香方子訳（東洋経済新報社）

商品、消費動向、労働（働き方）など、あらゆる情報がデジタル化して集積・管理される現代社会は、今後どこに向かっていくのでしょうか。ズボフのような骨太の文明論や疎外論からの批判的な考察は、直近未来に対する的を射た分析であり、今後のさらなる探究を期待したいところです。

ここに人類史的な視点をつけ加えるなら、こうした管理社会化を、いわば家畜（飼育）化の新展開として見ると、より理解しやすいのではないでしょうか。すでに私たちは、今日の社会・経済・政治システムによって、あらゆる点で養われている存在なのです。たとえば食生活が典型ですが、スーパーに並ぶ商品は、世界規模のサプライチェーンによって供給されています。もしその一端に支障が出れば市場は大混乱するわけで、私たちはこのような外部に形成されたシステムによって、支配されているともいえるのです。

これを家畜化されている姿と見ることも可能ではないでしょうか。さまざまな道具による人間能力の外部的拡張が今日の繁栄をもたらしていますが、その様子を俯瞰してみれば、私たちは自らが創りだした巨大システムによって養われる存在ということです（新・家畜化社会）。ただし、一方的に支配されているわけではなく、この巨大システムを維持し、コントロールする主体的な存在でもあります。問題なのは、その関与（民主的参加）の希薄化です。誰がどのようにその相互関係性と動態（ダイナミズム）を統治するのか、どんどん進み続けるデジタル化やＡＩの導入で、ズボフが一番懸念している点がまさにそこなのです。

人間のあり方への懸念として「新・家畜化社会」をイメージしたわけですが、あまりピンとこないかもしれません。安楽に養われるような社会であれば、それはそれでとても心地よい社会だからです。しかし、養われる立場だけに甘んじていられないのが、本来の人間としての姿ではないでしょうか。仮想世界の先駆け的作品、映画『トゥルーマン・ショー』（パラマウント映画、１９９８年）で、主人公が管理・操作されている世界から脱出し、命がけで真の自由な世界を目指したことは示唆的です。テクノ空間に囲い込まれ、養われていく「新・家畜化社会」については、今後も改めて考えてみたいと思います。

歴史的には、私たちは共につくり上げ、対等に社会の形成をはかることによって高度な文化を実現してきました。人間とはつくり出される存在であるということを前項で強調しました。過去からの蓄積の上に成り立っているという受動的な側面に注目したわけですが、他方で能動的側面も重要なのです。「私」たちは、今を生きる人間として、自由に羽ばたける可能性を秘めた存在でもあります。唯一無二の個人としての生きがい

（自己実現）と、社会を築く共同性に共感する生きがい（承認欲求・社会実現欲求）という、人間存在の主体的な側面を特に強調しておきたいと思います。

以上、かなり大風呂敷を広げた話になってしまいました。複眼知（多様な視点）から世界を重層的、立体的にとらえるために、あえて視野を広くして見てきました。本書の冒頭でも多面的見方と総合性の重要さを強調しましたが、少しでも皆さんの複眼的視野や視点の拡張ができていたらと思います。

未来を論じる視点は実にさまざまで、少し散漫気味になってしまいましたので、ここで軌道修正して、「人新世」という時代にもう少し肉薄してみましょう。

過去を語る場合、人間についてであれば歴史学や考古学があり、生物や地球についてであれば進化学や地質学などがあります。過去を見るスコープ（視野と分析）は日進月歩で、昔と比べてとても精緻になってきています。

とはいえ、未来は残念ながら見ることができません。その意味では、私たちは過去だけを見て進む、後ろ向きで歩んでいる存在なのです。株価予測や天気予報も、過去の様子から推察するより方法がないのです。

曖昧でとらえにくい未来ですが、少しでもクリアに想い描けるよう、ざっくりと区分けをしておきましょう。未来を予測するとき、近未来、中未来、遠未来という区分けがよくされますが、この区分けは、研究者や研究分野によってさまざまで、はっきりとした基準がありません。

一般の企業社会では、3～5年先を近未来、10年先を中未来、30年先を遠未来として、その歩みを考えることが多いようです。しかし、未来学などで議論する際のスケール感は、直近未来（5～10年後）、近未来（10～50年後）、中未来（50～100年後）、遠未来（100年以上のはるか先）というレベルで考えます。

地球史や宇宙史は別として、人間が想像できる限界としては、このくらいのスケール感が妥当なところでしょう。しかし、現実には高レベル放射性廃棄物処理のように、少なくとも10万年先まで管理責任が生じる物質をつくり出してもいるので、どう考えるか悩ましいところです。

とはいえ、ここでは通常の想定による時間スケールを念頭に、未来の世界について、よりくわしく見ていくことにします。

第6章

「人新世」の落とし穴？

1　ホモ・サピエンスの行く先

人類史をマクロな視点でとらえ直す試みが近年、ブームになっています。「人新世」という時代の見方もそうですが、その典型例としては、P83でも触れたユヴァル・ノア・ハラリによる『サピエンス全史（上・下）』（柴田裕之訳、河出文庫、2023年）があります。本書の問題設定に多少とも重なるところがあるので、特に重要な部分を取り上げて参考にしたいと思います。

著者は、イスラエルのヘブライ大学で歴史学を教えている気鋭の学者です。広範な知識を駆使して、随所に知的好奇心をくすぐるエピソードを挿入しながら、独自の視点から人類の歩みを整理して大胆にその行く末を展望し、世界中の読者をあっと言わせました。ホモ・サピエンスという存在をマクロな視点で読み解いて、ポストヒューマンにつながる未来展望を自由自在に描き出した、エキサイティングな内容です。

人新世をめぐる議論にも通じますが、ホモ・サピエンスが地球上で特異な繁栄をとげた経緯については、「虚構」を生み出す力をもとにしている点を特に強調しています。ホモ・サピエンスが、他の人類を凌駕した根底には、神話や宗教に代表されるような

「虚構」を生み出す力、そしてそれを仲間で共有する力が、大きく貢献したというのは本書でも触れているとおりです。

人類の歴史的経緯は実に波乱万丈でしたが、現代の繁栄について彼は、「人間中心主義」の成果であるとしています。しかし、その「人間中心主義」の成果そのものが、逆に人間という存在を変えてしまう可能性について明快に示しました。

ホモ・サピエンスの行く先を、ポストヒューマン的な存在になると見通して、全能の神を表わすラテン語のデウスをあてた「ホモ・デウス」という造語で示しました。つまり、人間中心主義が生み出した多くの成果の帰結として、全ての情報を掌握して操作する能力が肥大化していく極点に、ホモ・デウスの誕生が想定されているのです。それは、自然界における従来からの遺伝的な進化とは違い、人間自身が自らをつくり変えていく新しい段階です。このことも、本書ですでに触れてきた内容とほぼ重なります。

さらに、現在の人間社会の営みは、徐々に全ての個人情報が掌握されていく高度知識社会、その土台を成すのがデータ中心主義であるととらえています。最近よく耳にするようになったDX(デジタル・トランスフォーメーション)をいち早く察知したものです。それが飛躍的に発展していく事態に注目して、やがて来るだろう近未来を描き出してい

ユヴァル・ノア・ハラリ著、柴田裕之訳（河出文庫）

ます。

　これは、ズボフの「監視資本主義」ともかなり重なります。ハラリは、そこではごくひと握りの超エリート層と多数の無用者階級が生じる中未来を推測しています。

　そして遠未来、ついに、いわば「超能力」を獲得していく新たな人間「ホモ・デウス」の出現に至るわけです。

　それが楽観的な未来かといえばそうとばかりもいえず、人間そのものの存在理由を根本的に揺るがす悪夢につながる可能性があるとも警告します。

2　未来に出現する「ホモ・デウス」とは？

　ホモ・デウスの具体的な姿は描かれていません。人間×機械のサイボーグ的な姿になっていくか、ゲノム編集によって身体や命そのものを操作することで人間を超える存在になっていくか、もしくは両方が重なった動きになるのかもしれません。

　このあたりは、テクニウムやトランスヒューマンを語る人たちの見方と重なります。

いずれにしても、従来のホモ・サピエンスからは大きく逸脱した、新たな人類（ホモ・デウス）が想定されます。

すでに複数のSNSで人格を使い分けたり、分身アバターを生活の一部にしたりする人がいます。AIやペットロボットは、これからますます身近な存在となり、こうした機器に依存し、一体化していく動きはさらに進んでいくでしょう。

これは未来の人間の姿として、決して荒唐無稽な話ではありません。こうした動きがすでに研究上において現在進行中なのは、本書でも触れてきたとおりです。

AIが人間の能力を凌駕するシンギュラリティの現実味や、ロボット技術、ゲノム編集などの発展を社会が受け入れる風潮も、徐々に広がっています。先に紹介した脳AI融合プロジェクトによる最新研究の動向や、イーロン・マスクらが設立したニューラリンク社による、スマートデバイスを脳に直結する試みなどに、世界中の人たちが注目しています。そして月への進出、さらには火星移住計画といったことが、まことしやかに語られ始めているのです。

生殖補助医療を見ても、最初の体外受精胚移植（いわゆる試験管ベビー）が1978年にイギリスで、日本でも1983年から実施されてきました。すでに年間約6万人

（2020年、出生数の約7％）が誕生している状況です。臓器移植技術でも、人間から人間へ、ではなく遺伝子組み換えブタの心臓を人間へと異種移植する試みが、２０２２年にアメリカで実施されています。

ホモ・デウスのような未来の想定は、ハラリの著書への反響を見る限り、特に経済界の有力者からはとても高い評価が寄せられています。

ホモ・デウスを、そのまま現代を映し出している存在と見ることで、より理解がしやすくなるかもしれません。現代の超人的な存在として、経済の急速なグローバル化を背景に活躍しているイーロン・マスクのようなスーパーリッチと呼ばれる人々の姿こそが、まさしくホモ・デウスそのものに見えてきます。

こうしたスーパーリッチらは、巨万の資産をもとに第一級のエリートを多数雇い入れて、世界中の情報データを集積・管理しながら、資産運用（投資）、企業経営、税金対策（タックスヘイブンの活用）を行い、プライベートジェットで世界を飛び回っている、まさにホモ・デウス的な存在ではないでしょうか。

しかし、やはりここで気になるのは、世界でわずかひと握りしかいない超エリートが世界をリードしていくような未来に私たちが期待し、諸手を挙げて推進していっていいのかということです。その懸念についても、すでに触れました。ただでさえ格差が拡大し、分断が深刻化してきた今日の世界の延長線上に、私たちは明るい未来を展望できるでしょうか。たいへん気になる論点です。

私たちの歴史をひも解けばわかりますが、そもそも富豪とは、資本の蓄積と活用をうまくやれた幸運な人たちです。実力で手に入れたと思われがちですが、さまざまな手法で資本を上手に活用し、莫大な投資収益を手にしただけのことです。

もちろん、個人の能力を発揮する部分もありますが、周囲の環境や多くの人々の協力、そして歴史的な幸運（チャンス）に恵まれたのだととらえるのが妥当ではないでしょうか。その富は個人が独占するものでなく、社会に還元されるべきものと考えるのが、最適な未来志向なのではないかと思います。

その裏で生じているのは、労働者が働く環境への悪影響であり、先に触れたデジタル管理による「監視資本主義」がもたらしている深刻な事態です。ＡＩが普及し、経営者がそれを労務管理に活用し始めた中で、労働強化による負担の増加や差別が深刻化していることを訴える事態が、すでに欧州では起こっています。特にギグワーカーには無駄なコストを抑える労務管理プログラムが活用されており、無能力と判断された労働者が簡単に解雇される事態となったのです。そうした風潮への反発があり、訴訟が起きているわけです。

チャットＧＰＴ（大規模言語モデルによる生成ＡＩ）の活用でも、知的労働との置き換えや低賃金化が懸念されています。人々の能力評価や雇用履歴、各種個人情報を含むビッグデータを活用することで、莫大な利益を生み出すデジタル経済（監視資本主義）が、目の前で進行しています。多数の無用者階級と、ごく少数のエリート階級との間に分断が拡大していく事態（一種の新・家畜化社会）は、ハラリの予言どおり、このまま進むと遠からず現実化しそうな気配です。

以上、中未来や遠未来を視野に入れて、明暗が交錯する世界を論じてきましたが、近未来、あるいは直近未来においてはすでに、目前で現実が塗り変えられつつあるのです。

3　不確定な未来を予測する手がかり

未来について予測するとき、現状肯定派と否定派は見方が両極端で、まったく正反対な未来像になりがちです。ですから、ある程度の信頼性がある客観的なデータをもとにした上で、バランス感覚と多様な視点を持って物事を見ていくことが大切です。

以下、参考になりそうな2つのデータ（グローバルリスク報告書、人口動態推計）を取り上げて、さらに多面的に未来の姿を検討していくことにします。

人間は通常、リスクに敏感な生き物です。関連して注目したいデータに、世界の要人が集まる世界経済フォーラムの場で毎年発表される、グローバルリスク報告書（Global Risks Report）があります。世界の専門家（学術、ビジネス、政府、国際コミュニティ・市民社会から選任した約1000人）への聞き取り調査から、今後の世界における重大リスクが示されています。詳細はネット上に公開されている情報を見ていただくとして、簡単に最近の発生リスクが高いとされるリスクの順位を見てみましょう。

リスクは大きく、「経済」「環境」「地政・地経学」「社会」「テクノロジー」の5つに分類されています。近年の動きとしては、重要度がずっと10位程度だった「感染症のひろがり」が、2021年は1位に躍り出て、その後に下がりました。世界的にパニックを引き起こした新型コロナウイルス感染症の影響が如実に表れたかたちです。また、ランク外から浮上したのが「地経学上の対立」です。経済戦争の常態化で大国間の争いが激しさを増し、緊張状態が続いている影響でしょう。その他、細かい分析は専門家にゆずりますが、リスク認識は現実に直面することで後追い的に意識化される傾向が強いことがよくわかります。

この間に一貫して上位にあるのは、気候変動や自然災害などの環境分野ですが、最近は「誤報と偽情報」「社会の二極化」「景気後退」「ＡＩがもたらす悪影響」などが目立っています（図17）。

気候変動や自然災害に関するリスクは、人々が身近に感じる事象が重なっていることから、リスク認知が高いのは納得がいきます。

このグローバルリスク報告書の利点は、中・長期的なリスク動向を経年的に確認できることです。そこには時代時代の変化が映し出されているので、大きな動向を一歩下がって眺めてみると、未来を予測する際においてかなり参考になります。


さて、このところの報告書で強調されるようになったのが、複合危機（ポリクライシス）です。世界的リスクはその根底で相互に関連しているため、しばしば予測不可能な複合的リスクが生じるのです。

たとえば、地経学的対立によって「大規模な非自発的移住」（移民や難民の増加）、「社

［図17］**グローバルリスク報告書2024年度版**
グローバルリスクの短期・長期的な重要度ランキング

今後2年間

1	誤報と偽情報
2	異常気象
3	社会の二極化
4	サイバー犯罪やサイバーセキュリティ対策の低下
5	国家間武力紛争
6	不平等または経済的機会の欠如
7	インフレーション
8	非自発的移住
9	景気後退（不況、停滞）
10	汚染（大気、土壌、水）

今後10年間

1	異常気象
2	地球システムの危機的変化（気候の転換点）
3	生物多様性の喪失と生態系の崩壊
4	天然資源不足
5	誤報と偽情報
6	AI技術がもたらす悪影響
7	非自発的移住
8	サイバー犯罪やサイバーセキュリティ対策の低下
9	社会の二極化
10	汚染（大気、土壌、水）

リスク分類　■経済　■環境　■地政学　■社会　■テクノロジー

出典：世界経済フォーラムHP（https://jp.weforum.org）「World Economic Forum Global Risks Perception Survey 2023-2024」「The Global Risks Report 2024」をもとに作成

会的結束の侵食と社会の二極化」が生じ、インターネットが普及した現代においては「サイバー犯罪の拡大とサイバーセキュリティ対策の低下」といったリスクが高まります。また、近年の高水準の公的債務と民間債務増加で、より急速な技術開発が促されて市場競争が激化し、私たちの労働環境をも揺るがします。さらに気になる指摘として、近年の社会情勢が、冷戦を背景とした1970年代の低成長、高インフレ、エネルギー変動、低投資の時代に似た「古い」リスクの復活ではないか、という見方があることは注意しておきたいところです。

未来予測といっても、それを現実が先行してしまうのが今の時代です。特に直近未来は、現実の後追いになりがちです。その点で、想定そのものについての根本的な見直しや、従来の枠組みを超えたアプローチが必要になっています。

4　サピエンス減少という衝撃

こうした中で、人口動態についての分析と将来予測は、基礎的データに基づいていることから、不確実な要素を含みつつもかなり参考になります。やはり後追い的な部分はあるものの、世界では人口動態のパターーン研究が急速に進んでいます。

古くはイギリスの経済学者、マルサスの『人口論』から、最近の日本では、社会学者の大野晃さんが提唱した「限界集落」や、元岩手県知事の増田寛也さんによる「消滅可能性都市」の提示など、人口動態による社会予測は注目されてきました。特に今、世界的に注目されているのがフランスの学者、エマニュエル・トッドです。いささかセンセーショナルに扱われやすい人物ですが、ソ連崩壊、リーマン・ショック、イギリスのEU離脱などを予見したことで広く知られています。歴史人口学を研究し、家族構造、出生率、死亡率といった人口に関連する統計などから歴史的・人類史的変化を分析し、将来動向を推測しています（『我々はどこから来て、今どこにいるのか?（上・下）』堀茂樹訳、文藝春秋、2022年）。

人口動態は、各国の経済や政治、社会や生活、そして環境にまで大きく影響する重要な基礎データです。その意味で、今後世界がどうなっていくのかを考えるには人口動態の予測がとても重要なのです。トッドの分析とはまた違いますが、最近、「ホモ・サピエンス減少」という少しショッキングな予測が注目されています。有史以来、急速に成長、拡大を続けてきた人類にとって大転換期となる「ホモ・サピエンス減少」時代が迫っているという見方です（『サピエンス減少　縮減する未来の課題を探る』原俊彦著、岩波新書、２０２３年）。

　実際に日本では、人口増大がすでにピークを迎え、２０１０年頃を境に減少に転じました。このまま推移していくと、21世紀の後半には人口が半減する可能性まで予測されています。そしてその先は、日本沈没どころか日本人消滅というような事態が、遠未来に待っているということです。

エマニュエル・トッド著、堀茂樹訳（文藝春秋）

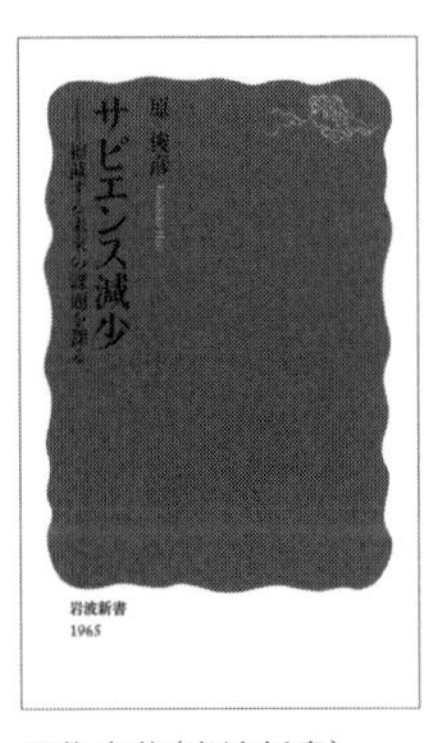

原俊彦著（岩波新書）

　20世紀が人口爆発の世紀と称されたことが象徴するように、人類は１００年間で約４倍に増加しましたが（約15億人強から約60億人）、先進諸国は日本を筆頭に増加が止まって減少し始めています。国連の「世界人口推計２０２２年版」によれば、世界人口は２０２２年11月に80億人に達し、２０３０年には約85億人、２０５０年には約97億人、２０８０年には約１０４億人にまで増加してピークとなり、２１００年までは同レベルで留ま

［図18］日本の人口の長期的な推移

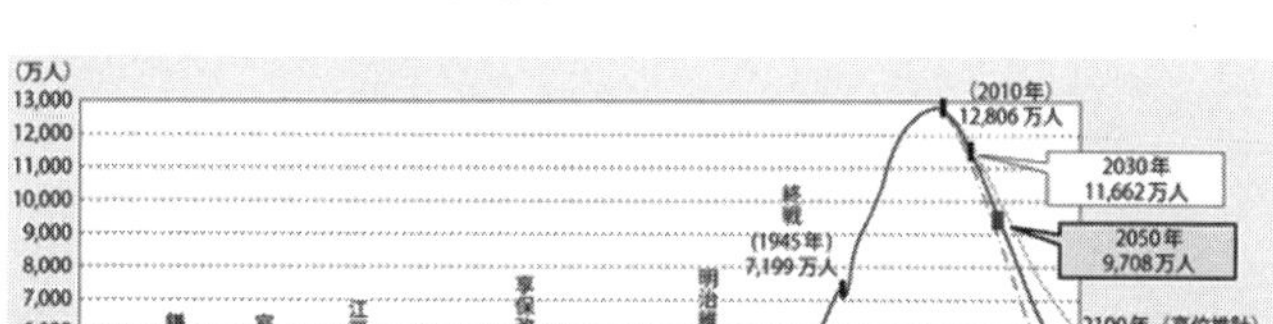

出典：国土交通省HP（https://www.mlit.go.jp/hakusyo/mlit/h24/hakusho/h25/html/n1111000.html）を加工

る見通しとのことです。

もっと厳しい予測もあります。米国ワシントン大学保健指標・保健評価研究所による２０２０年の発表では、世界の人口は２０６４年に97・３億人でピークとなり、その後は減少に転じて、２１００年には87億人になるとの予測を発表しています。その分析によれば、日本、タイ、ウクライナ、スペインなどを含む23カ国で50％にも及ぶ人口の半減、そのほか34カ国でも25～50％の減少が予測されています。

現状でもすでに先進諸国は少子高齢化を迎え、新興諸国でも次々と出生率が低下し、人口増は停滞してきました。そして、多くの途上国も同じ道をたどるものと考えられています。細かな部分については議論の余地が多々ありますが、世界の人口は21世紀後半あたりにピークとなり、22世紀以降は減少していくとの見通しが現実味をおび始めているのは確かです。

5　サピエンス減少前に地球大破局（ジオ・カタストロフィ）がくる？

現実的に考えても、有限の地球において人間だけが無限に増加を続けることは不可能であり、自然の摂理として「サピエンス減少」は当然の見通しかもしれません。そう考えれば、人口爆発（バランスの逸脱）こそ異常事態であり、当然のごとくそれを調整すべき局面を迎えることは誰しも理解できるでしょう。そこで問題となるのは、移行過程においてのバランス調整が混乱なくスムーズに行われるかどうかでしょう。

気がかりなのは、気候危機や環境破壊といった地球規模的破局への対応を迫られている現在と、人口が減少に転じるタイミングとが微妙にずれていることです。もっと早期に人口減少が始まれば、結果的に環境負荷も抑えられやすくなりますが、残念ながら、そうはなっていません。人口増加と環境負荷の増大が同時に進行しているこの局面で、脱炭素（カーボンニュートラル）や自然共生・循環型社会が本当に実現できるのか、極めて困難な取り組みにならざるをえません。

実際、対応策として期待されているパリ協定やＳＤＧｓの成果は、看板倒れになりかねない状況にも見えます。世界は、新型コロナウイルス危機、ロシアによるウクライナ侵攻、パレスチナ人道危機などを契機に、分断や対立が先鋭化しています。今後さらに国際関係が不安定になり、各国間の政治的・経済的対立や、各産業（企業）の利害衝突が一段と高まりそうな気配です。喫緊の世界的課題であるはずの環境危機が先送りされかねない状況なのです。

これからの世界情勢は、中国やロシアといった権威主義的な国家群と、欧米（いわゆる西側陣営）のように自由・デモクラシーを掲げる国々との対立がより先鋭化していきそうです。その自由や民主主義自体にも、内外で揺らぎが生じている様子です。さらに第三極として、グローバルサウスと呼ばれる新興国・途上国の勢力が台頭しており、複雑な多極化時代に突入しました。先に触れたグローバルリスク報告書でも指摘された地政・地経学的リスクが高まっているのです。

対立の果てに待つ最悪の事態として、第三次世界大戦が引き起こされ（エマニュエル・トッドの予測）、核兵器が使用されるかもしれません。ロシアによるウクライナ侵攻、中東で続く紛争を見てもわかるように、戦時体制では人命が軽視され、環境保全よりも破壊がまかりとおってしまう現実があります。ついには、取り返しのつかない地球大破局（ジオ・カタストロフィ）の懸念さえ生じています。

処方箋になるのは、人間同士の対立や抗争をどう回避していくかです。目前に迫る地球的破局への認識を共有し、国益や利害の対立を克服して、地球社会が一丸となる体制を人類は築けるでしょうか。ポリクライシス（複合危機）の連鎖を招くのか、それとも環境危機を変革のチャンスとして協力体制を築けるのか、人類の選択が鍵を握っているのです。

6　「資本」とテクノロジーの民主化

環境・気候危機に対応する技術革新と経済的投資は、膨大なコストをかけた大事業になるでしょう。その際に直面するのは、グローバルリスク報告が触れているように、環境悪化と利害の対立が社会不安や分断を誘発し、激化させる複合危機です。

20世紀をふり返れば、経済恐慌や社会の不安定化の末に悲惨な戦争がありました。他方、その後の復興においては、社会的結束を促す人権の尊重や不平等の解消、とりわけ税制改革（所得税や相続税の強化）が行われて、民主主義の強化や福祉国家としての制度が充実してきました。

それらを踏まえれば、現代の世界において直面している環境危機やグローバル経済競争、AIをはじめとする技術革新（DX革命）を前に達成すべきは、多額の投資が雇用不安（失業）や貧富の格差拡大につながらないような方策を準備することでしょう。人類の繁栄を推進してきた経済システム、いわゆる資本主義経済が、悪循環に陥ったり、破局を迎えたりしないかたちの大変革を、私たちが実現できるかが問われています。

注目したいのは、人間社会のメガマシン化と経済発展を促進してきた「資本」の働きです。経済は、フローのお金（所得）ばかりに目が向きがちですが、蓄積し、拡大増殖する「資本」こそが、人類社会を発展させてきたのです（資本新世の視点）。

資本主義経済のコントロールには、従来の貿易や税・財政政策の影響力以上に、金融や投資の力が大きくなっています。その点では、環境や社会に配慮し、企業統治（ガバナンス）が適切な会社に投資しようというESG（環境、社会、ガバナンス）投資や、経済面以上に社会的な意義・貢献を重視する社会的インパクト投資が促進しつつあります。とはいえ、貧富の格差の歪みは驚くほど拡大しているというのが実情です。

この矛盾の克服には、マクロ的には資本の蓄積と投資による拡大増殖メカニズムをいかに民主的にコントロールし、ミクロ的には労働や仕事のあり方を、参加意識が実感できる形態（いわゆる社会的連帯経済）に、主体的に調整し直すことが最大の課題です。

特にマクロ的視点については、世界的な起業家であり未来学者のブレット・キングが、共著『テクノソーシャリズムの世紀　格差、ＡＩ、気候変動がもたらす新世紀の秩序』（リチャード・ペティ著、鈴木正範監訳、上野博訳、東洋経済新報社、２０２２年）において、次のような興味深い未来予測をしています。

人類が進む先行きに４つの結末を想定して、大きく２パターンの可能性を論じています。一方は、国家対立（戦争）と災害の激化による破局や適応拒否（先送り）的な衰退という悲観的シナリオです。もう一方は、集権的テクノ管理社会（新たな封建社会）の進展か、より平等な社会を目指すテクノソーシャリズム社会（ＡＩやデジタル化などで高度に自動化が進んだ社会）か、という積極的な展開シナリオを描いています。

４つの結末とは、「失敗世界」「ラッダイト（拒否）世界」「新封建主義」「テクノソーシャリズム」なのですが、結論としては後者２つが並存する状態を近未来世界として論じています。いわゆる集権的テクノ国家群と民主分権的テクノ国家群が対抗・共存するような世界であり、いわば現実の世界動向を見すえたうえでの興味深い展望です。

多少とも技術至上主義の考え方が強い面はありますが、産業革命から政治・経済・社会を支配してきた価値体系がグレートリセット（大革新）されるという視点は斬新です。そして着地点として想定されるテクノソーシャリズムの世界は、利益よりも人々の幸福を実現する資本主義の改革案として、ベーシックインカム（基本所得保障）、AI・ロボット課税、グローバル法人税などの具体的な制度導入が提案されており、世界の変革を導くうえでは参考になります。

ブレット・キング、リチャード・ペティ著、鈴木正範監訳、上野博訳（東洋経済新報社）

いずれにしても、グローバル危機への対応には、「資本」の適正なコントロールとテクノロジー（広義の道具活用）の民主化が、大きな役割を果たすことが予想されます。

7　「人新世」の本当のリスク

どうにか人類がこのグローバル危機を乗り越えて、環境危機への対応と社会変革を実現したとして、その先はどうなるでしょう。サピエンスの人口減少で、安定した成熟社会へと向かっていくのでしょうか。

まだまだ、想定外のリスクを検討しておく必要があります。20世紀には、化学の時代に生じた公害や、物理学の時代に生じた核被害（核兵器使用や原発事故、放射性廃棄物問題）などの新しい問題が生まれましたが、近・中未来では何が懸念されるでしょう。生命科学やＡＩ・情報工学には、新たなリスクがありそうです。

それはたとえば、人類が遺伝子レベルにまで直接操作したり介入したりすることで生じるリスクです。これまで、悠久の歴史を経て進化をとげてきた生物とその生態系に、人類の生み出した科学技術が影響を及ぼし続けてきました。たとえば、人類が発見し、新たに生成してきた化学物質は、約2億８０００万種にのぼっています（２０２3年4月現在）。その大半は、人新世の時代となった第二次世界大戦以降のことで、近年では年間数千万というスピードで増え続けています。

それらは多様な用途に使われてきましたが、のちに有害性や悪影響があることがわかったものが、ＰＣＢ（ポリ塩化ビフェニル）やフロン化合物、マイクロプラスチック類、さまざまなアレルギー物質など多数あります。すぐには影響がわからないのが怖いところです。つまり、人工的な新物質が急増することは、可能性の拡大とリスクの拡大が裏腹であり、どのような事態がもたらされるのか予測しがたいのです。

生物への影響は、個体そのものに留まらず遺伝子レベルにまで作用する場合、長い時間をかけて、他の生物とその生態系や、地上の生物進化の動向にまで影響が拡大する恐れがあります。さらに生体機能だけでなく、人間の精神機能や生存本能にまで変化がもたらされる可能性があります。それこそが、人新世という時代に見え隠れする本当のリスクなのかもしれません。

人間が手にした科学技術の力が、脱炭素社会や自然共生社会への転換に貢献する楽観的な見方がある一方で、その力がどんな影響を及ぼすかについて、まだまだ不確定な要素が大きいといえます。問題の解決と発生がいたちごっこになることもあるでしょう。

では、あえてこれらの諸問題を脇に置き、楽観的なシナリオで未知の悪影響を抑えこめたとしましょう。幾多の難局を乗り越えた先にある人間の未来について、もう一歩踏み込んでみることにします。この先は、遠未来を見通すというよりも、夢想するというほうが近いかもしれません。

まずは生物としてのヒトと、その存在の変容について考えたいと思います。

寿命が延び、人生を楽しく過ごせるのであれば、個人での生活を最大限にエンジョイするライフスタイルが普及していくのではないでしょうか。それはつまり、個々人の幸せを最大化していくということです。その結果、何が起きるでしょうか。

人間に備わった変化への柔軟性は、たとえばすでにセックスやジェンダーの概念が変化しているところにも見られますが、社会の変容とともに従来持つはずの生物的な生殖への関心が薄れて、子どもの出生数が大幅に低下し、本格的なサピエンス減少につながっていくことが考えられます。

それは、個人としての幸福と全体（世界）としての幸福とが乖離していく動きと見てもよいでしょう。苦悩や不安から解放されて、その個人にとっての幸せを満喫するユートピアを生きる――それは究極の自己実現が可能になる世界です。バーチャル空間を含めて、そこではさまざまな欲望が叶う生活を送ることができます。それは、かつて映画『マトリックス』（ワーナー・ブラザース、１９９９年）で描かれたような、リアルではなく脳内だけで人生を満喫できる巨大バーチャル世界のようなものかもしれません。

遠未来には、サピエンスが幸福な世界に到達し、生物界から徐々に逸脱して、その影響力を縮小させて成熟し、世界に安定をもたらすかもしれません。そうした世界は、それはそれで究極の省エネ・省資源社会になり、地球環境にとっては負荷を大幅に削減することにつながりそうです。

8　遠未来にサピエンスが迎える3つの展開

世界がユートピアと化したとき、私たち人間はいったいどうなるでしょうか。もしかすると、繁殖を繰り返すことで繁栄する生物の枠をはみ出てしまう人間、まさに「ホモ・デウス」へと変身（メタモルフォーゼ）していくのでしょうか。

永遠の命を手に入れるべく、己の肉体を捨てて自分の脳の神経回路をＡＩロボットに移植することを夢見る人々もすでに出てきているので（自己の永続的拡張）、遠未来の人間は、ホモ・デウスどころかトランスヒューマンの時代（生体がデジタル機械に融合）を生きているかもしれません。

それは、ハラリが着目した人間中心主義の到達点ですが、その中身は、個人（自我）の永続性を実現すること、それが究極の幸福の姿なのでしょうか。それとも、ヒトがカミ的存在へと変身をとげていくことを意味するのでしょうか。

こうした究極的な自己実現の行きつく先にあるヒトの未来形には、おそらく三方向の展開が考えられそうです。ひとつは、仮想（情報）世界が現実世界を凌駕し（『マトリックス』的世界）、仮想と現実を快適に交流・交歓できる世界（新・家畜化社会）に落ち着く展開です。もうひとつは、仮想（情報）世界の拡大が現実世界に影響し、『スターウォーズ』のような宇宙世界へと進出していく展開です。

前者は、進化が一定の収束を見て、安定（定常化）していくと考えてよいでしょう。後者は、ポストヒューマンあるいはケヴィン・ケリーが構想したようなテクニウム的世界、つまり脱・人間化してメタモルフォーゼしていくような、飛躍的進化へと向かう展開です。

そしてもうひとつは、前者と後者が合わさったり、住み分けたりするような展開です。進化的な見方をすれば、多様な分岐（適応放散＝起源を同じくする生物が、住む環境に合わせて多様に分化すること）が生じていくといってもよいでしょう。本書前半の人類史の歩みで見てきたことを思い起こせば、ホモ・サピエンスという種が多様に分岐していくようなことが起こるのかもしれません。

しかしそれは、生物的な遺伝子（ジーン）進化ではなく、文化的自己複製子（ミーム）進化であり、海中から陸上へと進出した以上の、次元が違う大進化が起こるのかもしれません。

遠未来へと意識を飛ばしたついでに、私見ではありますが、気がかりな点を付記しておきたいと思います。イーロン・マスクのような地球脱出、宇宙開拓時代を楽観的に展望する考え方に対して危惧していることがあります。それは、現代のホモ・デウスといってよい彼が夢見る計画は、莫大な地球資源を消費して汚染物質の山を残し、ごく一部の人のためだけに達成されるものになりそうなことです。地球環境に甚大な影響を引き起こした末、脱出していく未来観への疑問です。

しかし、よく考えてみれば、技術を合理的に活用する別のオプションだってありえるのではないでしょうか。地球の陸地の約3割は砂漠・荒野・極地であり、また地球表面の7割を占める広大な海洋という人類未踏の空間があります。つまり、足元に住みよい世界を形成することにもっと目を向けるべきではないかと思うのです。

そもそも、地球上で進化した生物のままで宇宙に進出することは不可能であり、必然的にロボット化したポストヒューマンの姿を想定せざるをえないでしょう。生物多様性において共存し、共進化して形成された地球生命圏ですから、人間だけがそこから逸脱できるのか大いに疑問です。

つまり最後には、私たちヒトが本当のところどんな未来を望んでいるのか、人間の幸せとは何かにまで、話は行きつくということです。そして、本書の冒頭でのゴーギャンの問いかけ、「我々はどこから来たのか、我々は何者か、我々はどこへ行くのか」が、改めて問われることになるのです。

第Ⅲ部

エピローグ

「人新世」の未来

そろそろ本書の締めに入るところまで来ました。地球という天体のシステムに甚大な影響を与え始めた「人新世」の時代、そのダイナミックな変化と方向性について、さまざまな角度と視点から論じてきました。私たちが直面している自滅の危機と環境の危機という地球史上最大の難関は、私たち人間自身が引き起こしてきたことから生まれた危機です。

自らの存在がもたらした「人新世」を、時代として認識し始めたのもつかの間、一瞬のうちにその幕をまた自ら閉じることになるかもしれません。その瀬戸際に、今、私たちは生きています。そのことを自覚して、自ら打開の糸口を探り、行動すべき事態に直面しています。その現実を直視し、私たち個々人の課題として、共に考え続けていきましょう。

その糸口として、さしあたり重要な手がかりとなりえるのが、国連加盟国（193カ国）の全会一致で採択された「持続可能な開発のための2030アジェンダ」（SDGsを含む）です。

激動の20世紀を経て21世紀に入り、国連は2000年にミレニアム開発目標（MDGs、目標2015年）を定め、続けて2015年にSDGs（目標2030年）を定めました。世界が協力して取り組むべきこととして、こうした動きが非常に重要ではないかと思うのです。

人間は今日まで、近隣の集団間のみならず、国家間の抗争をもどうにかこうにか収めながら世界を築いてきました。筆者の願望もあるかもしれませんが、民族とか国民という意識から、だんだんと地球市民的な意識に変わりつつあるように見えるのです。国民・国家レベルの政治、経済、文化という時代から、次なるグローバルレベルの惑星政治・経済・文化が花開く時代が到来しようとしているのではないでしょうか。

混迷の時代だからこそ、このような新しい社会ビジョンが今、まさに求められています。まだ過渡期であり、ぼんやりとした道標ですが、人類が歩んでいくべき道すじ、世界の展望が、おぼろげながら見えてきていると思いたいのです。

本書の前半で見てきたように、人類は幾多の難関を乗り越えて今日の繁栄にいたっています。その長い道のりと経緯を思い起こせば、人新世を生きていく私たちの歩みもまた、幾多の紆余曲折を経ながら存続していくことを心から期待します。

人新世という時代の全体像について、この新時代を生き抜くためのひとつの見取り図、手がかりとして、本書で描いた人間をめぐる多面的理解が、多少なりとも皆さんのお役に立てばと思います。この先、人新世は短期間で途切れてしまうか、それとも紆余曲折を経つつも長く継続してダイナミックな変遷をとげていくか――どちらにしても、それを左右するのは、この時代を生きる私たち一人ひとりの想いと行動だということを繰り返して、本章の締めくくりとしたいと思います。

最後は、部分的に筆者個人の願望が見え隠れするような内容となってしまいました。思えばそれは、ＳＤＧｓが象徴的に希求していると考えられる、「みんな幸せの世界」への想いのようです。この「みんな幸せ」は、多くの日本人に親しまれてきた作家、宮沢賢治の『農民芸術概論』でも希求されていた言葉だということを、ひと言添えておきたいと思います。その該当する部分だけを次に抜き出します。

世界が　ぜんたい幸福にならないうちは　個人の幸福はあり得ない
自我の意識は　個人から　集団　社会　宇宙と　次第に進化する
この方向は　古い聖者の踏みまた教へた道ではないか
新たな時代は　世界が一の意識になり　生物となる方向にある

正しく強く生きるとは　銀河系を自らの中に意識してこれに応じて行くことである
われらは　世界のまことの幸福を索ねよう　求道すでに道である

（宮沢賢治『農民芸術概論綱要』より引用、文中に空きを一部挿入）

今思えば本書の内容自体、実はこの彼の言葉を頭の片隅に置いて書いてきたようなところがあります。広大な宇宙の片隅にある銀河系の、太陽に照らされて生命を育み、多種多彩な生物を養い育ててきた、青く輝く地球。その一端に私たちは奇跡的に生まれ、人類の長い歴史的歩みの一員として、今の一瞬を生きています。数多くの争い事や悲惨な出来事を乗り越えて、少しずつ宇宙と一体化していくような歩みを、私たち人類は時間をかけてしてきたように思えるのです。

宮沢賢治が、かつて想い、願い、祈った世界を、私たちもまた共鳴しながら可能な限り実現していけたらと願うばかりです。

おわりに

ヒトは、原初的感覚世界から脱し、言葉や概念・道具をあやつることによって、内には遠大な抽象世界を広げ、外には地球規模の社会形成を実現し、繁栄してきました。特に脳の拡張として、記号（情報的世界）や数字（数学的世界）を駆使することで、神話・信仰（宗教）的世界を経出しつつ、近代科学技術による現代世界を構築して、貨幣・市場交換による高度な経済・産業社会（グローバル経済）を形成してきました。

能力拡張としての道具は、人間を支える巨大システムの超・有機体とでも呼ぶべき姿と化して私たちに豊かな生活を提供してきましたが（一種の飼育・家畜化の延長）、その先に見え隠れするのは、人間という主体的存在の根底が揺らぐ局面です。

本書で触れたとおり、繁栄を極めてきたのちに「人新世」という地球史的な新時代に突入したヒトは今、3つの難題に直面しているように見えます。それは「環境危機」「社会・経済・政治的危機」「存在論（実存）的危機」です。

くわしくは触れていませんが、環境危機は社会・経済・政治的危機と連動していて、世界全体の地球市民的な連帯と、グローバル資本主義の変革（「資本」の制御・適正活用）が回避の鍵を握っているといえます。

そして、この2つの難題が回避できたとしても、中・遠未来にはサピエンス減少（人口減）が予想されていて、さらに人間自身の変態（遺伝子改変やＡＩとの融合のようなメタモルフォーゼ）や、宇宙進出（進化的飛躍）も現実味を帯びています。しかし、そうなったときの人間とその社会の姿は、とても不確実で見通しが難しいところです。

外的世界への拡張的な探求以上に、これからは内面世界への理解、自己という存在についての奥深い洞察こそが重要になると思われます。そこではつまり、生きることの意味や、人間とは何かという根源が揺らいでしまうような出来事が次々と現実になっていくだろうということです。

自己（自我・意識）という存在は、実は大海に浮かぶ氷山の一角のような、ほんの一部分にすぎません。その下、奥深くの無意識の世界には歴史文化の深層が存在し、さらにその奥底には生命・宇宙的深層が連綿と続いているといえます。それは、多少なりともユング心理学が示唆するような人間の見方であり、自己意識を客観視する上で重要な視点です。

それから、人間の脳の複雑で高度な機能は、大きく3つの進化段階を経て知能と思考力が形成されてきたと考えられています。中心部分の生存・縄張り意識に関係する脳幹（爬虫類で発達）、それを取り巻くのが情動的機能に関係する辺縁系（哺乳類で発達）、その外側の思考機能をつかさどる大脳皮質、特に前頭葉（霊長類・ヒトで発達）の3段階です。人間は、思考部分だけが単独で存在しているわけではありません。さらにその思考も、幾多の文化的蓄積のうえで育つ多彩で可憐な花のひとつにすぎないのではないでしょうか。

自分の脳の思考や意識（神経情報ネットワーク）だけを取り出してＡＩに移植し、永遠の自己実現を目指すようなトランスヒューマニズム思想は、自己や人間存在への洞察を欠いた幼児的自己拡張の現れのように思えてきます。「私」の意識だけが独立して永遠に生き続けること、それを幸せと感じるのが人間なのでしょうか。

自らの成り立ちの奥深くには、万華鏡のように繰り広げられる進化の大舞台が隠れています。その深遠なる世界に向き合うことを試みたのが本書なのですが、なかなか思うように書き著せなかったことが多々あります。人間能力の外部に向かう拡張に多くのページを割きましたが、行きついたのは自らの内面の危うさであり、自己存在への根源的な問いかけでした。それは宮沢賢治の残した言葉、「銀河系を自らの中に意識してこれに応じて行く」あり方への模索かもしれません。

人智を凌駕するＡＩの登場を目の前にして、改めて人間という存在の全体像が問われています。矛盾や歪みを抱えたその存在の深遠にまで、なかなか迫り切れませんでしたが、「人新世」という時代は、今後もその問いを私たちに深く突きつけてくることでしょう。

本書がその問いに応えるための、何らかの手がかりになればと願うばかりです。言葉足らずを補い、蛇足の文章を削り取って編集していただいたことで、なんとか読みやすいコンパクトな本に仕上がったのではないかと思います。編集の福士祐さんに心より感謝申し上げます。

古沢広祐

参考情報・文献　「人新世」をさらに読み解くために

本書の内容について、さらにくわしく知りたいという方へ。

本文では、かなり広い視野から大枠で人新世とヒトの歩みをたどりました。人新世をできるだけわかりやすく解説する目的だったので、個々の課題の詳細には十分に触れられませんでした。

そこで、本欄では私がＷＥＢ上に公開している情報をご案内しますので、ご興味のある方は、ぜひご参照ください。

また、本文中で紹介した書籍以外の参考図書について、書店や公共図書館で入手しやすいものを追記しています。発展的な読書の参考にして頂ければ幸いです。

●参考情報

古沢広祐（２０１６）「人類社会の未来を問う―危機的世界を見通すために」総合人間学（OLJ）第10号

同（２０１８）「「総合人間学」構築のために（試論・その１）―自然界における人間存在の位置づけ」総合人間学（OLJ）第12号

同（２０１９）「「総合人間学」構築のために（試論・その２）―ホモ・サピエンスとホモ・デウス、人新世（アントロポセン）の人間存在とは？」総合人間学（OLJ）第13号

同（２０２２）「ポストヒューマンから人間存在を問う意義「総合人間学」構築のために（試論・その３）」総合人間学（OLJ）第16巻

同（２０２３）「人新世におけるヒトの大加速化、文化進化、自己家畜化に関する一考察―総合人間学の構築に向けて（４）」総合人間学（OLJ）第17巻

（以上、総合人間学会HP: オンラインジャーナル［総合人間学］にて公開、閲覧できます。
http://synthetic-anthropology.org/）

「公正で持続可能な社会に向けて〜ＳＤＧｓと脱成長コミュニズムから資本主義を問う〜」

イベントレポート・動画公開 Future Dialogue 第４回（２０２１年）：斎藤幸平さん、古沢広祐さんによる討論！ 資本を民主化し、経済成長に依存しない社会構築とは？
https://www.actbeyondtrust.org/event-report/16038/

●参考文献

『レジリエンス人類史』「［入來篤史］第３章「レジリエント・サピエンス」の神経生物学 人類進化と文明発達の相転移」稲村哲也、山極壽一、清水展、阿部健一編（２０２２）京都大学学術出版会

『「人新世」時代の文化人類学』大村敬一、湖中真哉編著（2020）放送大学教育振興会
『サピエンス異変　新たな時代「人新世」の衝撃』ヴァイバー・クリガン＝リード著、水谷淳、鍛原多恵子訳（2018）飛鳥新社
『暴力の人類史〈上・下〉』スティーブン・ピンカー著、幾島幸子、塩原通緒訳（2015）青土社
『命をどこまで操作してよいか　応用倫理学講義』澤井努著（2021）慶應義塾大学出版会
『人類の起源　古代DNAが語るホモ・サピエンスの「大いなる旅」』篠田謙一著（2022）中公新書
『反穀物の人類史　国家誕生のディープヒストリー』ジェームズ・C・スコット著、立木勝訳（2019）みすず書房
『ポストヒューマン時代が問う人間存在の揺らぎ（総合人間学17）』総合人間学会編（2023）本の泉社
『人類史マップ　サピエンス誕生・危機・拡散の全記録』テルモ・ピエバニ、バレリー・ゼトゥン著、小野林太郎監修、エラリー・ジャンクリストフ、篠原範子、竹花秀春訳（2021）日経ナショナルジオグラフィック社
『なぜヒトだけが言葉を話せるのか　コミュニケーションから探る言語の起源と進化』トム・スコット＝フィリップス著、畔上耕介、石塚政行、田中太一、中澤恒子、西村義樹、山泉実訳（2021）東京大学出版会
『人類と気候の10万年史　過去に何が起きたのか、これから何が起こるのか』中川毅著（2017）講談社・ブルーバックス
『第6の大絶滅は起こるのか　生物大絶滅の科学と人類の未来』ピーター・ブラネン著、西田美緒子訳（2019）築地書店
『私とは何か「個人」から「分人」へ』平野啓一郎著（2012）講談社現代新書
『ポスト資本主義　科学・人間・社会の未来』広井良典著（2015）岩波新書
『無と意識の人類史　私たちはどこへ向かうのか』広井良典著（2021）東洋経済新報社
『資本主義だけ残った　世界を制するシステムの未来』ブランコ・ミラノヴィッチ著、西川美樹訳（2021）みすず書

房
『みんな幸せってどんな世界 共存学のすすめ』古沢広祐著（２０１８）ほんの木
『食・農・環境とＳＤＧｓ持続可能な社会のトータルビジョン』古沢広祐著（２０２０）農山漁村文化協会
『超圧縮 地球生物全史』ヘンリー・ジー著、竹内薫訳（２０２２）ダイヤモンド社
『人新世とは何か〈地球と人類の時代〉の思想史』クリストフ・ボヌイユ、ジャン＝バティスト・フレソズ著、野坂しおり訳（２０１８）青土社
『「人新世」の惑星政治学 ヒトだけを見れば済む時代の終焉』前田幸男著（２０２３）青土社
『宇宙人としての生き方 アストロバイオロジーへの招待』松井孝典著（２００３）岩波新書
『初めて語られた科学と生命と言語の秘密』松岡正剛、津田一郎著（２０２３）文春新書
『社会学入門 人間と社会の未来』見田宗介著（２００６）岩波新書
『現代社会はどこに向かうか 高原の見晴らしを切り開くこと』見田宗介著（２０１８）岩波新書
『共感革命 社交する人類の進化と未来』山極壽一著（２０２３）河出新書
『資本主義の歴史 起源・拡大・現在』ユルゲン・コッカ著、山井敏章訳（２０１８）人文書院

古沢 広祐（ふるさわ・こうゆう）

1950年、東京生まれ。大阪大学理学部生物学科卒業。京都大学大学院農学研究科、農学博士。國學院大學経済学部を定年退職、同研究開発推進機構客員教授。研究活動は総合人間学会（第9期会長、2021年～）共生社会システム学会、国際開発学会など。NPO「環境・持続社会」研究センター（JACSES）代表理事ほか、環境・開発・社会運動分野のNPO、NGO、協同組合などに関与。
著書に、『地球文明ビジョン』（日本放送出版協会）、『食べるってどんなこと?』（平凡社）、『みんな幸せってどんな世界』（ほんの木）、『食・農・環境とSDGs』（農山漁村文化協会）、共編著に、『共生社会II』（農林統計出版）、『共存学1～4』（弘文堂）など。

Note▶https://note.com/furusawaredkitty/

装　画　Q-TA
装　幀　木庭貴信＋岩元 萌（オクターヴ）
組　版　石澤義裕
校　正　聚珍社
編集協力　戸田 清

今さらだけど「人新世」って?
知っておくべき地球史とヒトの大転換点

2024年3月19日　第1版第1刷発行

著　者　古沢広祐

発行所　WAVE出版
〒102-0074 東京都千代田区九段南3-9-12
［TEL］03-3261-3713　［FAX］03-3261-3823
［振替］00100-7-366376
E-mail：info@wave-publishers.co.jp
https://www.wave-publishers.co.jp

印刷・製本　シナノパブリッシングプレス

NDC460　175p　19cm　ISBN978-4-86621-430-6